이은경쌤의

사자성어·속담 일력 365

★★★★★
유튜브 구독자
300,000명

★★★★★
누적 조회수
30,000,000회

초·중·고 필수 한자 완전정복!

이은경 지음

포레스트북스

이은경쌤의

사자성어·속담 일력 365

★★★★★
유튜브 구독자
300,000명

★★★★★
누적 조회수
30,000,000회

교육부 지정 필수 한자 어휘 완전정복!

이은경 지음

포레스트북스

저자소개

이은경

초등 아이들을 가르쳤던 교사이자 중등, 초등인 두 아들을 키우는 엄마로서 20년 가까이 쌓아온 교육 정보와 경험을 나누기 위해 글을 쓰고 강연을 한다. 지난 5년간 초등공부, 학교생활, 부모성장을 주제로 한 강연을 유튜브와 네이버 오디오 클립에 공유해온 덕분에 초등 엄마들의 든든한 멘토가 되었다. 현재 '슬기로운초등생활'이라는 이름의 유튜브 채널은 누적 조회 수 2,000만 회를 돌파하며, 초등 교육 대표 콘텐츠로서의 자리를 확고히 했다.

그간 지은 책으로는 《이은경쌤의 초등어휘일력 365》《이은경쌤의 초등영어회화 일력 365》《초등 자기주도 공부법》《초등 매일 공부의 힘》 등이 있다.

유튜브 채널 | **슬기로운초등생활**
네이버 카페, 포스트, 오디오클립 | **슬기로운초등생활**
인스타그램 | lee.eun.kyung.1221

일상 속 사자성어와 속담을 찾아라!

안녕하세요, 친구들!

우리 친구들과 함께 매일 딱 한 개씩 사자성어와 속담을 알아볼 이은경 선생님이에요. 사자성어는 네 글자의 한자로 이루어진 단어로, 그 말이 만들어진 유래나 교훈이 담겨 있답니다. 한자로 이루어졌다고 해서 미리 겁부터 먹는 친구들도 있죠? 사실, 선생님도 처음엔 그랬어요. 한자는 생각만 해도 좀 머리 아프거든요.

한자를 알아야 한다는 사실에 잠시 좌절했을 친구들에게 선생님이 발견한 무척 반가운 사실을 공개합니다, 짜잔! 실은 우리가 매일 생활하는 집, 학교, 학원, 놀이터, 여행지 등에서의 평범한 일상 구석구석에 사자성어들이 언제나 존재하고 있다는 점이에요. 내가 매일 만나는 친구들의 모습, 우리 반 선생님의 수업, 매일 긴 시간을 보내는 교실과 우리 가족의 생활 속에서 사자성어를 발견해 내는 즐거움은 마치 숨은그림찾기를 하는 것과 비슷한 느낌일 거예요.

오호라, 그렇다면 좀 만만해 보이죠? 게다가 사자성어는 우리 친구들이 한자 박사가 되도록 도와주기도 할 거예요. 영어도 하고 수학도 해야

이은경쌤의 사자성어·속담 일력 365

초판 1쇄 발행 2023년 10월 28일
초판 8쇄 발행 2024년 11월 20일

지은이 이은경
펴낸이 김선준

편집이사 서선행(sun@forestbooks.co.kr)
편집2팀 배윤주, 유채원 **디자인** 엄재선
외주교정 유지현 **일러스트** 유영근
마케팅팀 권두리, 이진규, 신동빈
홍보팀 조아란, 장태수, 이은정, 권희, 유준상, 박미정, 이건희, 박지훈
경영지원 송현주, 권송이, 정수연

펴낸곳 ㈜콘텐츠그룹 포레스트 **출판등록** 2021년 4월 16일 제2021-000079호
주소 서울시 영등포구 여의대로 108 파크원타워1 28층
전화 02) 332-5855 **팩스** 070) 4170-4865
홈페이지 www.forestbooks.co.kr
종이 (주)월드페이퍼 **인쇄·제본** 더블비

ISBN 979-11-92625-88-1 (12590)

하는데, 한자까지 따로 외울 시간이 없다고요? 걱정하지 마세요. 매일 이 일력을 보다 보면 사자성어의 뜻을 확인하고 일상에서의 쓰임새를 알게 될 테니까요. 여기에 그치지 않고, 사자성어가 어떤 한자어로 만들어진 것인지, 그 한자어를 활용한 다른 단어는 어떤 것이 있는지도 한눈에 알게 될 거예요. 하루에 한 장씩 차근차근 넘기면서 읽기만 하면 된답니다. 외우려고, 완벽히 이해하려고 애쓰지 마세요. 첫술에 배부를 수 있나요?

아차차, 그리고! 사자성어의 '절친'인 속담도 빼놓을 수 없어요. 속담은 우리 삶에 반드시 필요한 교훈을 재미있고 이해하기 쉬운 한 문장으로 압축시킨 것인데요, 말을 하거나 글을 쓸 때, 알고 있는 속담을 적절히 활용하는 것만으로 내 생각을 훨씬 더 분명하게 표현할 수 있어요. 많이 알면 알수록 이득이 될 테니 재미있는 만화와 함께 속담의 의미를 콕콕 오래오래 기억하게 되길 바랄게요.

자, 그럼 우리 다 같이 일상 속 숨은 사자성어, 속담 찾기를 위한 여행을 떠나볼까요? 재미있고 알찬 여행이 될 거라 확신합니다.

함께 여행을 떠날 이은경 선생님이

12月

오늘의 사자성어

31日

환골탈태

: 뼈를 바꾸고 태를 벗었다는 뜻으로, 사람의 용모 또는 문장이 크게 아름답고 새로워짐을 이르는 말.

換	骨	奪	胎
바꿀 환	뼈 골	빼앗을 탈	아이 밸 태

드디어 올 한 해를 마무리하는 마지막 날이에요.
올해는 완전히 새롭고 멋진 사람으로 환골탈태하고 싶었는데,
그런 제 목표에 조금은 가까이 닿은 것 같아요.
올해의 나, 정말 수고 많았다! 크으!

換
바꿀 환

활용어휘

- 환기 : 탁한 공기를 맑은 공기로 바꿈.
- 환전 : 환표로 보내는 돈. 서로 종류가 다른 화폐와 화폐, 또는 화폐와 지금(地金)을 교환함. 또는 그런 일.

奪
빼앗을 탈

활용어휘

- 약탈 : 폭력을 써서 남의 것을 억지로 빼앗음.
- 탈환 : 빼앗겼던 것을 도로 빼앗아 찾음.

1月

月	火	水	木	金	土	日

12月

30日

오늘의 속담

꾸어다 놓은 보릿자루

: 자기 위치에서 역할을 다하지 못하는 사람을 이르는 말.

여럿이 모여 이야기하는 자리에서 아무 말도 하지 않고
한옆에 가만히 있는 사람을 비유적으로 이르는 말.

비슷한 표현	전당 잡은 촛대. 찬 물에 기름 돌듯.

1月

1日

오늘의 사자성어

백년대계

: 먼 앞날까지 미리 내다보고 세우는 크고 중요한 계획.

百	年	大	計
일백 백	해 년(연)	클 대	셀 계

교육은 백년대계라는 말을 들어보았나요?
교육은 당장의 이익이 아닌 먼 미래를 생각하며 계획을 세워야 한다는 말이래요.
새해를 시작하는 1월 1일이니 만큼,
올 한 해를 멀리 내다보는 크고 중요한 계획을 세워봐야겠어요.

年
해 년(연)

활용어휘

- 연년생 : 한 살 터울로 아이를 낳음. 또는 그 아이.
- 연세 : '나이'의 높임말.

計
셀 계

활용어휘

- 계산 : 수를 헤아림. 어떤 일을 예상하거나 고려함. 값을 치름.
- 시계 : 시간을 재거나 시각을 나타내는 기계나 장치를 통틀어 이르는 말.

12月 29日

오늘의 속담

굴러온 돌이 박힌 돌 뺀다

: 새로 굴러온 돌이 원래 자리에 있던 돌을 밀어냄.

새로 들어온 사람이 본래 터를 잡고 있었던 사람을 내쫓거나
해를 입힌다는 것을 비유적으로 이르는 말.

비슷한 표현	굴러온 돌한테 발등 다친다.

1月

2日

오늘의 사자성어

동분서주

: 동쪽으로 뛰고 서쪽으로 뛴다는 뜻으로,
사방으로 이리저리 몹시 바쁘게 돌아다님을 이르는 말.

東	奔	西	走
동녘 동	달릴 분	서녘 서	달릴 주

할머니께서 오신다는 소식을 들은 우리 가족은 갑자기 바빠지기 시작했어요.
대청소를 시작했고요, 쌓여 있던 빨래도 해치웠고요,
냉장고도 깨끗하게 정리하고, 뚝딱뚝딱 요리도 완성했어요.
가족이 힘을 합쳐 동분서주한 덕분에 완전히 다른 집이 되었답니다.

奔
달릴 분

활용어휘

- 분주하다 : 몹시 바쁘게 뛰어다니다. 이리저리 바쁘고 수선스럽다.
- 광분 : 어떤 목적을 이루기 위하여 미친 듯이 날뜀.

西
서녘 서

활용어휘

- 서기 : 기원후.
- 서학 : 서양의 학문. 신학.

12月

28日

오늘의 사자성어

구우일모

: 아홉 마리의 소 가운데 박힌 하나의 털이란 뜻으로,
매우 많은 것 가운데 극히 적은 부분을 이르는 말.

九	牛	一	毛
아홉 구	소 우	한 일	털 모

누나가 유명 아이돌의 콘서트를 보러 간다며 몇 시간째 거울 앞에 있어요.
그 많은 사람 속에서 누가 누나를 신경 쓴다고 저러는 걸까요?
콘서트를 보는 누나는 그중 구우일모일 텐데,
그 사실을 알면서도 저러는 건 아니겠죠?

牛 소 우

활용어휘

- 우차 : 소가 끄는 수레.
- 목우 : 먹여 기르는 소. 소를 먹여 기름.

毛 털 모

활용어휘

- 모발 : 사람의 몸에 난 털을 통틀어 이르는 말. 사람의 머리털.
- 탈모 : 털이 빠짐. 또는 그 털. 머리카락이 빠지는 증상.

1月

오늘의 사자성어

3日

작심삼일

: 단단히 먹은 마음이 사흘을 가지 못한다는 뜻으로, 결심이 굳지 못함을 이르는 말.

作	心	三	日
지을 작	마음 심	석 삼	날 일

새해가 되면 엄마께서는 다이어트 결심을 하시고, 아빠께서는 금연 결심을 하세요.
매년 결심하는데 항상 실패하는 이유는, 그 결심이 며칠 가지 못하기 때문이죠.
작심삼일로 끝나지 않고 결실을 이루는 날이 오기를.
저는 어떤 결심을 하고 시작해 볼까요?

作 지을 작

활용어휘

- 작가 : 문학 작품, 사진, 그림, 조각 따위의 예술품을 창작하는 사람.
- 제작 : 재료를 가지고 기능과 내용을 가진 새로운 물건이나 예술 작품을 만듦.

日 날 일

활용어휘

- 매일 : 각각의 개별적인 나날.
- 일기 : 날마다 그날그날 겪은 일이나 생각, 느낌 따위를 적는 개인의 기록.

12月

27日

오늘의 사자성어

일진일퇴

: 한 번 앞으로 나아갔다 한 번 뒤로 물러섰다 함.

一	進	一	退
한 일	나아갈 진	한 일	물러날 퇴

축구 경기를 보는데 양 팀이 서로 번갈아 가며 한 골씩 넣고 있어요.
일진일퇴하며 경기를 하니 아슬아슬해서 긴장되긴 하지만
박진감 넘치니 재미있기는 하네요.
아, 이러다 연장전에 승부차기까지 가는 거 아닐까요?

進
나아갈 진

활용어휘

- 추진 : 물체를 밀어 앞으로 내보냄. 목표를 향하여 밀고 나아감.
- 진로 : 앞으로 나아갈 길.

退
물러날 퇴

활용어휘

- 은퇴 : 직임에서 물러나거나 사회 활동에서 손을 떼고 한가히 지냄.
- 퇴장 : 어떤 장소에서 물러남.

1月

오늘의 사자성어

4日

심사숙고

: 깊이 잘 생각함.

深	思	熟	考
깊을 심	생각 사	익을 숙	생각할 고

좋아하는 친구에게 주말에 같이 영화를 보러 가자고 제안했어요.
친구는 바로 답을 주지 않더니, 심사숙고해 본 후에 알려주겠대요.
주말에 그 친구와 꼭 영화를 보러 갈 수 있었으면 좋겠습니다.
두근두근, 떨리는 내 마음!

深
깊을 심

활용어휘

- 심각하다 : 상태나 정도가 매우 깊고 중대하다. 또는 절박함이 있다.
- 심오하다 : 사상이나 이론 따위가 깊이가 있고 오묘하다.

熟
익을 숙

활용어휘

- 숙성 : 충분히 이루어짐. 효소나 미생물의 작용에 의하여 발효된 것이 잘 익음.
- 친숙 : 친하여 익숙하고 허물이 없음.

12月

26日

오늘의 사자성어

반신반의

: 얼마쯤 믿으면서도 한편으로는 의심함.

半	信	半	疑
반 반	믿을 신	반 반	의심할 의

약속 시간에 늦는 친구는 왜 항상 늦을까요?
이번에는 기다리다가 너무 화가 났어요.
친구가 눈물을 글썽이기까지 하면서 앞으로는 절대 늦지 않겠다고 하니,
반신반의하며 또 믿어보아야지, 어쩌겠어요.

信
믿을 신

활용어휘

- 신뢰 : 굳게 믿고 의지함.
- 신념 : 굳게 믿는 마음.

疑
의심할 의

활용어휘

- 의심하다 : 확실히 알 수 없어서 믿지 못하다.
- 의혹 : 의심하여 수상히 여김. 또는 그런 마음.

1月

오늘의 사자성어

5日

갑남을녀

: 갑이란 남자와 을이란 여자라는 뜻으로, 평범한 사람들을 이르는 말.

甲	男	乙	女
갑옷 갑 십간의 첫째 갑	사내 남	새 을 십간의 둘째 을	여자 녀(여)

남자 주인공과 여자 주인공이 서로 사랑하는 드라마를 보면 설레어요. 주변에서 흔히 볼 수 있는 갑남을녀의 모습이라 더욱 그런가 봐요. 물론, 흔히 볼 수 있다고 하기엔 남자 주인공이 심하게 잘생기고, 여자 주인공이 심하게 예쁘기는 하지만 말이에요.

男 사내 남

활용어휘

- 남매 : 오빠와 누이를 아울러 이르는 말.
- 남장 : 여자가 남자처럼 차림. 또는 그런 차림새.

女 여자 녀(여)

활용어휘

- 숙녀 : 교양과 예의와 품격을 갖춘 점잖은 여자.
- 여아 : 여자인 아이. 딸.

12月

25日

오늘의 사자성어

경천동지

: 하늘을 놀라게 하고 땅을 뒤흔든다는 뜻으로,
세상을 몹시 놀라게 함을 비유적으로 이르는 말.

驚	天	動	地
놀랄 경	하늘 천	움직일 동	땅 지

만약 크리스마스인 오늘, 제가 타임머신을 발명했다고 발표한다면
사람들은 깜짝 놀라 눈이 휘둥그레지겠죠?
이건 정말 누가 봐도 경천동지할 특급 속보가 될 거예요.

天 하늘 천

활용어휘

- 천막 : 비바람이나 이슬, 볕 따위를 가리기 위하여 말뚝을 박고 기둥을 세우고 천을 씌워 막처럼 지어놓은 것. 또는 그 천.
- 천문대 : 천문 현상을 관측하고 연구하기 위하여 설치한 시설. 또는 그런 기관.

地 땅 지

활용어휘

- 지구 : 태양에서 셋째로 가까운 행성.
- 지도 : 지구 표면의 상태를 일정한 비율로 줄여, 이를 약속된 기호로 평면에 나타낸 그림.

될성부른 나무는 떡잎부터 알아본다

: 씨앗에서 처음 나오는 잎인 떡잎만 보아도 그 나무가 잘 자랄 나무인지 알 수 있음.

잘될 사람은 어려서부터 남다르게 장래성이 엿보임을 이르는 말.

비슷한 표현

용 될 고기는 모이* 철부터 안다.
잘 자랄 나무는 떡잎부터 알아본다.

* 모이 : 물고기의 새끼.

12月

24日

오늘의 사자성어

설상가상

: 눈 위에 서리가 덮인다는 뜻으로,
난처한 일이나 불행한 일이 잇따라 일어남을 이르는 말.

雪	上	加	霜
눈 설	윗 상	더할 가	서리 상

늦잠을 자서 학교에 지각하게 생겼어요.
부랴부랴 세수하고 집을 나서려는데 설상가상이라더니, 갑자기 배가 아파와요.
도저히 참을 수가 없어요. 화장실에 들러야 할 것 같아요.
오늘은 영락없이 지각입니다.

雪 눈 설

활용어휘

- 폭설 : 갑자기 많이 내린 눈.
- 설원 : 눈이 덮인 벌판. 눈이 녹지 않고 늘 쌓여 있는 지역.

加 더할 가

활용어휘

- 증가 : 양이나 수치가 늘어남.
- 가열하다 : 어떤 물질에 열을 가하다.

개구리 올챙이 적 생각 못 한다

: 폴짝폴짝 잘 뛰는 개구리가 자신에게 헤엄만 치던 올챙이 시절이 있었음을 생각하지 못함.

형편이나 사정이 전에 비하여 나아진 사람이 지난날의 미천하거나 어렵던 때의 일을 생각지 아니하고 처음부터 잘난 듯이 뽐냄을 비유적으로 이르는 말.

비슷한 표현	올챙이 적 생각은 못 하고 개구리 된 생각만 한다.

12月 23日

오늘의 속담

꿩 대신 닭

: 구하기 어려운 꿩을 대신하여 닭을 사용함.

꼭 적당한 것이 없을 때 그와 비슷한 것으로 대신하는 경우를 비유적으로 이르는 말.

비슷한 표현	봉 아니면 꿩이다. 이 없으면 잇몸으로 살지.

1月

8日

오늘의 사자성어

난형난제

: 누구를 형이라 하고 누구를 아우라 하기 어렵다는 뜻으로, 누가 더 낫다고 할 수 없을 만큼 서로 비슷함을 이르는 말.

難	兄	難	弟
어려울 난	형 형	어려울 난	아우 제

미술 시간에 만든 작품을 전시하고 가장 잘한 작품을 뽑기로 했어요.
우리 반 친구들의 작품 중 특별히 눈에 띄는 두 작품이 있는데
제 눈에는 둘 다 무척 잘 만들어서 고민이 돼요.
두 작품은 진정 난형난제랍니다.

兄
형 형

활용어휘

- 형제 : 형과 아우를 아울러 이르는 말.
- 의형제 : 의로 맺은 형제.

弟
아우 제

활용어휘

- 제자 : 스승으로부터 가르침을 받거나 받은 사람.
- 사제 : 스승과 제자를 아울러 이르는 말.

12月 22日

오늘의 속담

그물에 걸린 고기 신세

: 그물에 잡혀서 어디도 갈 수 없는 물고기 신세를 나타냄.

이미 잡혀 옴짝달싹 못 하고 죽을 지경에 빠졌음을 비유적으로 이르는 말.

비슷한 표현

그물에 든 고기요 쏘아놓은 범이라.
농 속에 갇힌 새.
독 안에 든 쥐.

1月

오늘의 사자성어

9日

철두철미

: 처음부터 끝까지 철저하게.

徹	頭	徹	尾
통할 철	머리 두	통할 철	꼬리 미

엄마와 하루 30분 책 읽기 약속을 했는데 철두철미하게 확인을 하세요.
무슨 책을 읽었는지, 어디서부터 어디까지 읽었는지, 내용은 무엇이었는지.
대충 책 제목만 보고 그림만 넘겨 보고선 읽었다고 말했다가
저는 그만 크게 혼쭐이 났었어요.

徹
통할 철

활용어휘

- 철저 : 속속들이 꿰뚫어 미치어 밑바닥까지 빈틈이나 부족함이 없음.
- 투철하다 : 사리에 밝고 정확하다. 속속들이 뚜렷하고 철저하다.

頭
머리 두

활용어휘

- 화두 : 이야기의 첫머리. 관심을 두어 중요하게 생각하거나 이야기할 만한 것.
- 염두 : 생각의 시초. 마음의 속.

12月

21日

오늘의 사자성어

근묵자흑

: 먹을 가까이하는 사람은 검어진다는 뜻으로,
사람도 주위 환경에 따라 변할 수 있음을 비유적으로 이르는 말.

近	墨	者	黑
가까울 근	먹 묵	사람 자	검을 흑

고민이 있어요. 사실 요즘 우리 반에는요,
말끝마다 욕설이나 비속어를 섞어서 쓰는 친구가 생겼거든요.
같이 놀던 친구들도 하나둘 그런 말을 사용하기 시작하고 말이죠.
이런 걸 근묵자흑이라고 한다더라고요.

近
가까울 근

활용어휘

- 최근 : 얼마 되지 않은 지나간 날부터 현재 또는 바로 직전까지의 기간.
- 접근하다 : 가까이 다가가다.

者
사람 자

활용어휘

- 기술자 : 기술에 능숙한 사람. 또는 그 기술을 생업으로 하는 사람.
- 학자 : 학문에 능통한 사람이나 학문을 연구하는 사람.

1月

10日

오늘의 사자성어

타산지석

: 다른 산의 돌도 자신의 옥을 가는 데에 도움이 된다는 뜻으로, 남의 허물과 언행을 교훈 삼음을 이르는 말.

他	山	之	石
다를 타	메 산	갈 지 어조사 지	돌 석

형이 아빠 몰래 핸드폰 게임을 하다가 아빠께 들켰어요.
앞으로 한 달 동안이나 게임 금지래요.
형의 일을 타산지석 삼아 앞으로는 꼭 정해진 시간에만 게임을 해야겠어요.
아니면 게임할 때 절대로 들키지 않든가 말이죠.

他
다를 타

활용어휘
- 이타 : 자기의 이익보다는 다른 이의 이익을 더 꾀함.
- 배타 : 남을 배척함.

石
돌 석

활용어휘
- 자석 : 자성(磁性)을 가진 천연의 광석. 쇠를 끌어당기는 자기를 띤 물체.
- 운석 : 지구상에 떨어진 별똥.

12月

20日

오늘의 사자성어

고식지계

: 잠시 쉬기 위한 꾀라는 뜻으로, 우선 당장 편한 것만을 위하여 임시로 맞추어 꾸며내는 계책을 이르는 말.

姑	息	之	計
시어미 고	숨 쉴 식	갈 지 어조사 지	셀 계 계산할 계

선생님께서 책상을 깨끗이 정리하고 나서 집으로 가라고 하셨어요.
늘 책상 위가 어수선한 친구가 웬일인지 후다닥 교실 밖으로 나서더라고요.
역시나, 친구는 책이며 공책이며 필통이며 의자 위에 고스란히 쌓아놓았어요.
고식지계하였지만 결국 다시 교실로 불려 들어오고 말았죠.

姑
시어미 고

활용어휘

- 고모 : 아버지의 누이를 이르거나 부르는 말.
- 고부간 : 시어머니와 며느리 사이.

計
셀 계
계산할 계

활용어휘

- 계략 : 어떤 일을 이루기 위한 꾀나 수단.
- 총계 : 전체를 한데 모아서 헤아림. 또는 그 계산.

1月

11日

오늘의 사자성어

함흥차사

: 심부름을 가서 오지 아니하거나 늦게 온 사람을 이르는 말.

咸	興	差	使
다 함	일 흥	다를 차	하여금 사 부릴 사

두부 심부름을 간 누나가 한 시간이 다 되어가도록 오지를 않아요.
가는 길에 친구를 만나서 수다 삼매경에 빠진 게 분명해요.
아무튼 누나는 심부름만 갔다 하면 함흥차사라니까요.
제발 좀 돌아와, 나 두부조림 먹고 싶다고!

興
일 흥

활용어휘

- 흥분 : 어떤 자극을 받아 감정이 북받쳐 일어남. 또는 그 감정.
- 흥미 : 흥을 느끼는 재미.

使
하여금 사
부릴 사

활용어휘

- 사주하다 : 남을 부추겨 좋지 않은 일을 시키다.
- 사명 : 맡겨진 임무.

12月

19日

오늘의 사자성어

일기당천

: 한 사람의 기병이 천 사람을 당한다는 뜻으로,
싸우는 능력이 아주 뛰어남을 이르는 말.

一	騎	當	千
한 일	말 탈 기	마땅 당	일천 천

복도에서 옆 반 친구와 부딪쳤는데 그 반 친구들이 우르르 몰려왔어요.
저를 둘러싸고 잘못을 따지고 있는데, 마침 저의 가장 친한 친구가 등장,
옆 반 친구들이 많았음에도 불구하고 조목조목 제 잘못이 아니라는 것을 말해줍니다.
일기당천하는 제 친구, 어찌나 든든하던지 말이죠.

當
마땅 당

활용어휘

- 감당 : 일 따위를 맡아서 능히 해냄.
- 타당하다 : 일의 이치로 보아 옳다.

千
일천 천

활용어휘

- 천세 : 천 년이나 되는 세월이라는 뜻으로, 오랜 세월을 이르는 말. 오래 살기를 기원하는 말.
- 위험천만 : 몹시 위험함.

1月

12日

오늘의 사자성어

일사천리

: 강물이 빨리 흘러 천 리를 간다는 뜻으로, 어떤 일이 거침없이 빨리 진행됨을 이르는 말.

一	瀉	千	里
한 일	쏟을 사 흘려보낼 사	일천 천	마을 리(이)

우리 가족끼리 처음으로 김장을 담그기로 했어요.
재료는 다 준비가 되었는데 어디서부터 시작을 해야 할지 모두 난감해했죠.
그때 할머니께서 도착하시니 모든 일이 일사천리로 이루어졌어요.
역시 연륜과 경험이란 대단한 것이에요.

瀉
쏟을 사
흘려보낼 사

활용어휘

- 지사제 : 설사를 막는 약.
- 토사곽란 : 위로는 토하고 아래로는 설사하면서 배가 아픈 병.

千
일천 천

활용어휘

- 천만다행 : 아주 다행함.
- 천부당만부당 : 어림없이 사리에 맞지 아니함.

12月

18日

오늘의 사자성어

관포지교

: 관중과 포숙의 사귐이란 뜻으로,
우정이 아주 돈독한 친구관계를 이르는 말.

管	鮑	之	交
주관할 관 피리 관	절인 어물 포	갈 지 어조사 지	사귈 교

제게는 세상에 둘도 없는 좋은 친구가 있어요.
그 친구를 위해서는 힘든 일이 있을 때 대신해 주고 싶고,
맛있는 것도 사주고 싶고, 매일 만나서 함께 놀고 싶어요.
그런 친구와의 관계를 관포지교라고 한답니다.

管
주관할 관
피리 관

활용어휘

- 관리하다 : 어떤 일의 사무를 맡아 처리하다.
- 보관 : 물건을 맡아서 간직하고 관리함.

交
사귈 교

활용어휘

- 교제 : 서로 사귀어 가까이 지냄. 어떤 목적을 달성하기 위한 수단으로 남과 가까이 사귐.
- 교환하다 : 서로 바꾸다.

하룻강아지 범 무서운 줄 모른다

: 난 지 얼마 안 되는 강아지가 호랑이가 무서운 동물인지 모름.

철없이 함부로 덤비는 경우를 비유적으로 이르는 말.

비슷한 표현	미련한 송아지 백정을 모른다. 비루먹은* 강아지 대호(큰 호랑이)를 건드린다.

* 비루먹다 : 개, 말, 나귀 등이 피부가 헐어서 털이 빠지는 병에 걸리다.

12月

17日

오늘의 사자성어

암중모색

: 물건 따위를 어둠 속에서 더듬어 찾는다는 뜻으로,
무언가를 어림으로 또는 은밀하게 알아내려 함을 이르는 말.

暗	中	摸	索
어두울 암	가운데 중	본뜰 모	찾을 색

가끔 형은 이유도 알려주지 않고 삐질 때가 있어요.
아무리 물어도 "지금은 말하고 싶지 않아"라고 대답해요.
답답한 저는 제가 뭘 잘못했는지 알아내려 혼자 암중모색을 해야 하지요.
형, 제발 혼자 꽁해 있지 말고 속 시원히 말을 해달라고!

暗
어두울 암

활용어휘

- 암시 : 넌지시 알림. 또는 그 내용.
- 명암 : 밝음과 어두움을 통틀어 이르는 말.

摸
본뜰 모

활용어휘

- 모방 : 다른 것을 본뜨거나 본받음.
- 모의고사 : 실제의 시험에 대비하여 그것을 본떠 실시하는 시험.

1月

14日

오늘의 속담

콩 심은 데 콩 나고 팥 심은 데 팥 난다

: 콩 심은 곳에서는 콩이 나고 팥 심은 곳에서는 팥이 남.

모든 일은 근본에 따라 거기에 걸맞은 결과가 나타나는 것임을 비유적으로 이르는 말.

비슷한 표현	외* 심은 데 콩 나랴. 가시나무에 가시가 난다.

* 외 : '오이'의 준말.

12月

16日

오늘의 속담

급히 먹는 밥이 목이 멘다

: 밥을 급하게 먹으면 목이 메이거나 체함.

너무 급히 서둘러 일을 하면 잘못하고 실패하게 됨을 비유적으로 이르는 말.

비슷한 표현	발묘조장(拔苗助長) : 싹을 잡아당겨 빨리 자라게 도움. 급하게 서두르다 오히려 일을 망치는 경우를 말한다. 욕속부달(欲速不達) : 빨리 하고자 하면 도달하지 못한다.

1月

오늘의 사자성어

15日

고진감래

: 쓴 것이 다하면 단 것이 온다는 뜻으로,
고생 끝에 즐거움이 옴을 이르는 말.

苦	盡	甘	來
쓸 고	다할 진	달 감	올 래(내)

숙제가 너무 많은 날,
정말 하기 힘들 때에도 꾹꾹 참아가며 결국 해냈을 때, 무척 뿌듯하지요?
열심히 숙제한 덕분에 다음 날 선생님께 칭찬도 받았을 거고요.
고진감래라는 말이 정말 맞는 것 같아요.

盡
다할 진

활용어휘

- 진력 : 있는 힘을 다함. 또는 낼 수 있는 모든 힘.
- 진선진미하다 : 더할 나위 없이 훌륭하고 아름답다. 완전무결한 일을 이른다.

來
올 래(내)

활용어휘

- 내력 : 지금까지 지내온 경로나 경력.
- 미래 : 앞으로 올 때.

12月 15日

오늘의 속담

구더기 무서워 장 못 담글까

: 장을 담그면 구더기가 생길 수도 있지만 필요한 장은 담가야 함.

다소 방해되는 것이 있다 하더라도 마땅히 할 일은 하여야 함을 비유적으로 이르는 말.

비슷한 표현

쉬파리 무서워 장 못 만들까.
장마가 무서워 호박을 못 심겠다.

1月

16日

오늘의 사자성어

다다익선

: 많으면 많을수록 더욱 좋음.

多	多	益	善
많을 다	많을 다	더할 익	착할 선 좋은 선

형이 새 운동화를 또 산대요.
이미 몇 켤레의 운동화가 있는데 또 사고 싶다고 졸라요.
운동화는 무조건 다다익선이라면서요.
그 모습을 본 아빠, 엄마께서는 길게 한숨을 쉬시네요.

益
더할 익

활용어휘

- 이익 : 물질적으로나 정신적으로 보탬이 되는 것.
- 유익하다 : 이롭거나 도움이 될 만한 것이 있다.

善
착할 선
좋을 선

활용어휘

- 최선 : 가장 좋고 훌륭함. 또는 그런 일. 온 정성과 힘.
- 선량하다 : 성품이 착하고 어질다.

12月

14日

오늘의 사자성어

기호지세

: 호랑이를 타고 달리는 형세라는 뜻으로, 도중에 그만둘 수 없는 경우를 비유적으로 이르는 말.

騎	虎	之	勢
말 탈 기	범 호	갈 지 어조사 지	형세 세

태권도를 배우기 시작했는데 생각보다 힘들어요.
마음은 당장이라도 이단옆차기를 할 수 있을 것 같은데 잘 안되네요.
하지만 이왕 시작한 일, 기호지세를 기억해야겠어요.
검은 띠를 딸 때까지는 포기하지 말고 최선을 다할 거예요.

騎 말 탈 기

활용어휘
- 기사 : 말을 탄 무사.
- 기마 : 말을 탐. 타고 다니는 데 쓰는 말.

勢 형세 세

활용어휘
- 자세 : 몸을 움직이거나 가누는 모양. 사물을 대할 때 가지는 마음가짐.
- 우세하다 : 상대편보다 힘이나 세력이 강하다.

1月

17日

오늘의 사자성어

신출귀몰

: 귀신같이 나타났다가 사라진다는 뜻으로,
자유자재로 나타나고 사라짐을 비유적으로 이르는 말.

神	出	鬼	沒
귀신 신	날 출	귀신 귀	빠질 몰

점심시간에 운동장에서 축구를 하는데 생각지도 않은 친구가 내 공을 가로채 갔어요.
이 친구는 분명히 교실에서 다른 아이들과 보드게임을 하고 있었는데,
도대체 언제 운동장에 나온 걸까요?
신출귀몰한 친구는 바람처럼 운동장을 누비고 있어요.

神
귀신 신

활용어휘

- 신비 : 보통의 이론이나 상식으로는 도저히 이해할 수 없을 만큼 신기하고 묘함.
- 신성 : 신의 성격. 또는 신과 같은 성격.

沒
빠질 몰

활용어휘

- 골몰하다 : 다른 생각을 할 여유도 없이 한 가지 일에만 파묻히다.
- 몰입 : 깊이 파고들거나 빠짐.

12月

13日

오늘의 사자성어

권토중래

: 땅을 말아 일으킬 것 같은 기세로 다시 온다는 뜻으로,
한 번 실패 후 실력을 키워 다시 도전함을 이르는 말.

捲	土	重	來
거둘 권	흙 토	무거울 중	올 래(내)

지난번 축구 시합에서 졌던 옆 반 친구들이
이대로 물러날 수 없다며, 다시 한번 붙어보자고 찾아왔어요.
눈에서 불꽃이 튈 듯이 권토중래하는 모습에
이번 시합은 왠지 우리 반이 질 수도 있겠다는 느낌이 드네요.

土
흙 토

활용어휘

- 국토 : 나라의 땅. 한 나라의 통치권이 미치는 지역을 이른다.
- 토착민 : 대대로 그 땅에서 살고 있는 백성.

重
무거울 중

활용어휘

- 신중 : 매우 조심스러움.
- 중요 : 귀중하고 요긴함.

1月

18日

오늘의 사자성어

용두사미

: 용의 머리와 뱀의 꼬리라는 뜻으로,
처음은 왕성하나 끝이 부진한 현상을 이르는 말.

龍	頭	蛇	尾
용 용(룡)	머리 두	뱀 사	꼬리 미

중학생이 된 누나가 이제 공부를 열심히 하겠다면서
공부 계획표를 근사하게 세워놓았어요.
일주일은 열심히 잘 지키는 것 같더니 이번 주 내내 놀러 다니느라 바쁘네요.
용두사미일 거라 예상은 했습니다만, 흠…….

龍
용 용(룡)

활용어휘

- 등용문 : 용문(龍門)에 오른다는 뜻으로, 어려운 관문을 통과하여 크게 출세하게 됨.
- 용수철 : 나선형으로 된 탄력이 강한 쇠줄.

尾
꼬리 미

활용어휘

- 말미 : 어떤 사물의 맨 끄트머리.
- 미행 : 다른 사람의 행동을 감시하거나 증거를 잡기 위하여 그 사람 몰래 뒤를 밟음.

12月

12日

오늘의 사자성어

유비무환

: 미리 준비가 되어 있으면 걱정할 것이 없음.

有	備	無	患
있을 유	갖출 비	없을 무	근심 환

학교에서 재난 대피 훈련을 했어요.
우리나라는 지진도 잘 안 일어나는데 꼭 해야 하냐고 친구들이 투덜대니까
선생님께서 유비무환이라며,
우리의 안전을 위해 꼭 필요한 훈련이라고 말씀하셨어요.

備
갖출 비

활용어휘

- 구비 : 있어야 할 것을 빠짐없이 다 갖춤.
- 대비 : 앞으로 일어날지도 모르는 어떠한 일에 대응하기 위하여 미리 준비함. 또는 그런 준비.

患
근심 환

활용어휘

- 후환 : 어떤 일로 말미암아 뒷날 생기는 걱정과 근심.
- 환난 : 근심과 재난.

1月

19日

오늘의 사자성어

일석이조

: 돌 한 개를 던져 새 두 마리를 잡는다는 뜻으로, 동시에 두 가지 이득을 봄을 이르는 말.

一	石	二	鳥
한 일	돌 석	두 이	새 조

엄마께서 아빠께 출퇴근할 때 타고 다니시라면서 자전거를 선물하셨어요. 그럼 자동차 기름값도 아끼는 건 물론, 운동도 되니까 일석이조라고 말이에요. 일석이조는 좋은 건데, 아빠 표정은 왜 밝지 않으실까요?

石
돌 석

활용어휘

- 보석 : 아주 단단하고 빛깔과 광택이 아름다우며 희귀한 광물.
- 화석 : 지질 시대에 생존한 동식물의 유해와 활동 흔적 따위가 퇴적물 중에 매몰된 채로 또는 지상에 그대로 보존되어 남아 있는 것을 통틀어 이르는 말.

鳥
새 조

활용어휘

- 조류 : 조강의 척추동물을 일상적으로 통틀어 이르는 말.
- 불사조 : 영원히 죽지 않는다는 전설의 새. 또는 어떠한 어려움이나 고난에 빠져도 굴하지 않고 이겨내는 사람을 비유적으로 이르는 말.

12月

11日

오늘의 사자성어

견강부회

: 이치에 맞지 않는 말을 억지로 끌어 붙여 자기에게 유리하게 함.

牽	強	附	會
이끌 견	강할 강	붙일 부	모일 회

우리 모둠 친구들과 머리를 맞대고 팀 프로젝트를 하는 중인데요,
한 친구가 제 의견에 계속 반대만 하고 있어요.
도대체 왜 그렇게 계속 못마땅한 말만 하는 걸까요?
견강부회는 제발 그만! 논리적인 이유를 설명해 주겠니?

牽 이끌 견

활용어휘

- 견인 : 끌어서 당김.
- 견제 : 상대편이 지나치게 세력을 펴거나 자유롭게 행동하지 못하게 억누름.

強 강할 강

활용어휘

- 강경하다 : 굳세게 버티어 굽히지 않다.
- 강요하다 : 억지로 또는 강제로 요구하다.

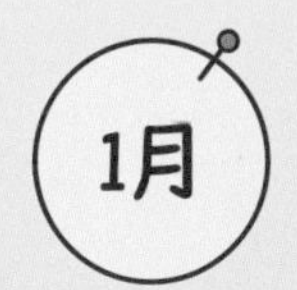

20日

작은 고추가 더 맵다

: 고추가 크다고 매운 것이 아니라
작은 청양고추가 더 매운 경우가 많음.

몸집이 작은 사람이 큰 사람보다 재주가 뛰어나고 야무짐을 비유적으로 이르는 말.

비슷한 표현

후추는 작아도 진상*에만 간다.
단소정한(短小精悍) : 몸집이 작으나 기상이 날카롭고 강하다.

* 진상 : 진귀한 물품이나 지방의 토산물 등을 임금이나 관리에게 바침.

12月

10日

오늘의 사자성어

희로애락

: 기쁨과 노여움과 슬픔과 즐거움을 아울러 이르는 말.

喜	怒	哀	樂
기쁠 희	성낼 로(노)	슬플 애	즐길 락(낙) 노래 악

새 학년이 되어 좋은 친구들을 사귀게 되어 진정 기뻤어요.
때로 친구들과 아웅다웅할 땐 화가 나기도 했지만
함께 좋은 추억을 만들 수 있어서 즐거웠고, 한 친구가 전학 갔을 땐 슬펐어요.
우리는 1년 동안 희로애락을 함께 나눈 사이가 되었답니다.

哀
슬플 애

활용어휘

- 비애 : 슬퍼하고 서러워함. 또는 그런 것.
- 애통 : 슬퍼하고 가슴 아파함.

樂
즐길 락(낙)
노래 악

활용어휘

- 낙관적 : 인생이나 사물을 밝고 희망적인 것으로 보는 것. 앞으로의 일 따위가 잘되어갈 것으로 여기는 것.
- 악사 : 악기로 음악을 연주하는 사람.

나중 난 뿔이 우뚝하다

: 뿔이 처음에는 하찮게 났다가도 빠지거나 부러진 자리에 새로 나면 더 우뚝하게 솟음.

나중에 생긴 것이 먼저 것보다 훨씬 나음을 비유적으로 이르는 말.

비슷한 표현

먼저 난 머리보다 나중 난 뿔이 무섭다.
청출어람(靑出於藍) : 제자나 후배가 스승이나 선배보다 나은 경우를 이르는 말.

9日

오늘의 속담

도둑질을 해도 손발이 맞아야 한다

: 남의 물건을 훔치는 일도 도둑끼리 서로 마음이 맞아야 성공할 수 있음.

무슨 일이든 서로 뜻이 맞아야 이루기 쉽다는 말.

비슷한 표현	빌어먹어도 손발이 맞아야 한다. 고장난명(孤掌難鳴) : 혼자의 힘만으로는 어떤 일을 이루기 어려움.

1月

22日

오늘의 사자성어

어부지리

: 두 사람이 이해관계로 서로 싸우는 사이에
엉뚱한 사람이 애쓰지 않고 가로챈 이익을 이르는 말.

漁	夫	之	利
고기 잡을 어	지아비 부	갈 지 어조사 지	이로울 리(이)

형과 누나가 마지막 남은 피자 한 조각을 놓고 싸워요.
서로 다투다가 화가 난 두 사람은 각자 방으로 들어가 버렸어요.
덕분에 남은 피자 한 조각은 제가 먹을 수 있게 되었네요.
음하하, 어부지리라는 게 바로 이런 경우군요!

漁
고기 잡을 어

활용어휘

- 어촌 : 어민(漁民)들이 모여 사는 바닷가 마을.
- 금어기 : 고기잡이를 못 하게 하는 기간.

夫
지아비 부

활용어휘

- 공부 : 학문이나 기술을 배우고 익힘.
- 필부 : 한 사람의 남자. 신분이 낮고 보잘것없는 남자.

12月

8日

오늘의 속담

울며 겨자 먹기

: 겨자가 매워서 눈물이 나는데도 계속 겨자를 먹어야 함.

싫은 일을 억지로 마지못해 함을 비유적으로 이르는 말.

비슷한 표현	마음 없는 염불. 고육지책(苦肉之策) : 자기 몸을 희생하는 계책.

1月

오늘의 사자성어

23日

동상이몽

: 같은 잠자리에서 다른 꿈을 꾼다는 뜻으로,
같은 입장에서 각각 딴 생각을 품고 있음을 이르는 말.

同	牀	異	夢
한가지 동	평상 상	다를 이(리)	꿈 몽

엄마께서는 대청소가 끝나고 나면 온 가족이 다 같이 모여
함께 텔레비전을 보며 맛있는 음식을 먹을 생각을 하고 계시지만,
형은 청소해 놓고 낮잠을 잘 생각이고, 누나는 친구들을 만나러 나갈 거래요.
우리 가족은 모두 동상이몽 중이랍니다.

牀
평상 상

활용어휘

- 침상 : 누워서 잘 수 있도록 만든 가구. 위가 넓고 평평하고 다리가 달렸다.
- 병상 : 아픈 사람이 눕는 침상.

異
다를 이(리)

활용어휘

- 차이 : 서로 같지 아니하고 다름. 또는 그런 정도나 상태.
- 경이롭다 : 놀랍고 신기한 데가 있다.

12月

7日

오늘의 사자성어

문일지십

: 하나를 듣고 열 가지를 미루어 안다는 뜻으로, 지극히 총명함을 이르는 말.

聞	一	知	十
들을 문	한 일	알 지	열 십

엄마께서는 어렸을 때 무척 똑똑하셨대요.
1 더하기 1을 알려주면 11 더하기 11을 알아맞히고,
'가나다라'만 가르쳤는데 동화책을 읽으셨대요.
그런데 저는 왜 문일지십한 우리 엄마를 안 닮은 걸까요?

聞 들을 문

활용어휘

- 견문 : 보고 들음. 보거나 듣거나 하여 깨달아 얻은 지식.
- 신문 : 새로운 소식이나 견문. 사회에서 발생한 사건에 대한 사실이나 해설을 널리 신속하게 전달하기 위한 정기 간행물.

十 열 십

활용어휘

- 십인십색 : 열 사람의 열 가지 색이라는 뜻으로, 사람의 모습이나 생각이 저마다 다름을 이르는 말.
- 십상 : 열에 여덟이나 아홉 정도로 거의 예외가 없음.

1月

24日

오늘의 사자성어

박장대소

: 손뼉을 치며 크게 웃음.

拍	掌	大	笑
칠 박	손바닥 장	클 대	웃음 소

친구와 이야기를 나누는데 갑자기 친구가 박수를 치며 큰 소리로 웃음을 터뜨려요. 그리 우스운 일도 아닌데 박장대소하고 있는 친구를 보니 나도 웃음이 따라 나왔어요.

拍 칠 박

활용어휘

- 박수 : 기쁨, 찬성, 환영을 나타내거나 장단을 맞추려고 두 손뼉을 마주침.
- 박차 : 말을 탈 때에 신는 구두의 뒤축에 달려 있는 물건. 톱니바퀴 모양으로 쇠로 만들어 말의 배를 차서 빨리 달리게 한다. 어떤 일을 촉진하려고 더하는 힘. 예) 박차를 가하다.

笑 웃음 소

활용어휘

- 미소 : 소리 없이 빙긋이 웃음. 또는 그런 웃음.
- 실소 : 어처구니가 없어 저도 모르게 웃음이 툭 터져 나옴. 또는 그 웃음.

12月

6日

오늘의 사자성어

각주구검

: 융통성 없이 현실에 맞지 않는 낡은 생각을 고집하는 어리석음을 이르는 말.

刻	舟	求	劍
새길 각	배 주	구할 구	칼 검

어른들이 많이 하시는 말씀, "나 때는 말이야~" 들어본 적 있나요?
시대가 바뀌었는데 옛날이야기만 하시는 분들에게 어울리는 사자성어,
각주구검을 소개해 드립니다.
이제 요즘 현실에 맞는 새로운 생각이 필요하다고요!

舟
배 주

활용어휘

• 방주 : 네모지게 만든 배.
• 경주 : 일정한 거리에서 보트를 저어 그 빠르기로 승부를 겨루는 경기.

求
구할 구

활용어휘

• 추구 : 목적한 바를 이루고자 끝까지 좇아 구(求)함.
• 구인 : 일할 사람을 구함.

1月

25日

일편단심

**: 한 조각의 붉은 마음이라는 뜻으로,
진심에서 우러나오는 변치 아니하는 마음을 이르는 말.**

一	片	丹	心
한 일	조각 편	붉을 단	마음 심

유치원 시절부터 좋아하는 친구가 있어요.
지금도 저는 그 친구를 아주 많이 좋아한답니다.
중학교에 가고, 고등학교에 가도, 저의 이런 마음은 변함없을 것 같아요.
일편단심이란 바로 이런 마음이지요.

片
조각 편

활용어휘

- 파편 : 깨어지거나 부서진 조각.
- 편육 : 얇게 저민 수육.

丹
붉을 단

활용어휘

- 단풍 : 기후 변화로 식물의 잎이 붉은빛이나 누런빛으로 변하는 현상. 또는 그렇게 변한 잎.
- 단장 : 얼굴, 머리, 옷차림 따위를 곱게 꾸밈. 건물, 거리 따위를 손질하여 꾸밈.

12月

5日

오늘의 사자성어

이해득실

: 이로움과 해로움과 얻음과 잃음을 아울러 이르는 말.

利	害	得	失
이로울 이(리)	해할 해	얻을 득	잃을 실

엄마께서는 오늘 저녁 설거지를 하는 사람에게 용돈을 주시겠대요.
설거지는 힘들지만 용돈은 필요하고,
지금 딱 재미있는 TV 프로그램 시간인데 재방송을 봐도 되긴 하고.
이해득실을 따져본 결과, 엄마의 사랑까지 덤으로 얻는 설거지로 결정!

害
해할 해

활용어휘

- 피해 : 생명이나 신체, 재산, 명예 따위에 손해를 입음. 또는 그 손해.
- 해충 : 해로운 벌레.

得
얻을 득

활용어휘

- 획득 : 얻어내거나 얻어 가짐.
- 터득 : 깊이 생각하여 이치를 깨달아 알아냄.

1月

26日

오늘의 사자성어

점입가경

: 들어갈수록 점점 재미가 있음.

漸	入	佳	境
점점 점	들 입	아름다울 가	지경 경

처음으로 동굴 구경을 갔어요.
동굴에 막 들어선 순간에는 어둡기만 했는데,
안으로 들어갈수록 신기하고 멋진 광경에 감탄이 저절로 나왔어요.
점입가경이란 이런 광경을 말하나 봐요.

漸
점점 점

활용어휘

- 점차 : 차례를 따라 진행됨. 차례를 따라 조금씩.
- 점진 : 조금씩 앞으로 나아감. 점점 발전함.

境
지경 경

활용어휘

- 환경 : 생물에게 직접 · 간접으로 영향을 주는 자연적 조건이나 사회적 상황.
- 경계 : 사물이 어떠한 기준에 의하여 분간되는 한계.

12月

4日

오늘의 사자성어

혹세무민

: 세상을 어지럽히고 백성을 미혹하게 하여 속임.

惑	世	誣	民
미혹할 혹	대 세 인간 세	속일 무	백성 민

세상에는 다양한 종교가 있고, 그 지도자들이 있어요.
종교에 따라 믿음의 대상이 다르고 교리 등에도 차이가 있지요.
그런데 간혹 그릇된 내용으로 사람들에게 피해를 입히는 경우가 있어요.
혹세무민하지 말라고 따끔하게 경고하고 싶어요.

惑
미혹할 혹

활용어휘

- 유혹 : 꾀어서 정신을 혼미하게 하거나 좋지 아니한 길로 이끎.
- 현혹 : 정신을 빼앗겨 하여야 할 바를 잊어버림. 또는 그렇게 되게 함.

誣
속일 무

활용어휘

- 무고 : 사실이 아닌 일을 거짓으로 꾸미어 해당 기관에 고소하거나 고발하는 일.
- 무언 : 없는 일을 거짓으로 꾸며대어 남을 해치는 말.

뱁새가 황새를 따라가면 가랑이가 찢어진다

: 다리가 짧은 뱁새가 다리가 긴 황새를 쫓아가려고 다리를 벌리다가 다리 사이가 찢어짐.

힘에 겨운 일을 억지로 하면 도리어 해만 입는다는 말.

비슷한 표현

촉새가 황새를 따라가다 가랑이 찢어진다.
한단지보(邯鄲之步) : 한단의 걸음걸이. 무턱대고 남을 흉내 내면 이것저것 다 잃음.

12月

3日

오늘의 사자성어

연목구어

: 나무에 올라가서 물고기를 구한다는 뜻으로,
도저히 불가능한 일을 굳이 하려 함을 비유적으로 이르는 말.

緣	木	求	魚
인연 연	나무 목	구할 구	물고기 어

누나가 아이돌이 되고 싶대요.
노래도 못 하고, 춤도 못 추는데 무슨 수로 아이돌이 되겠다는 것일까요?
제 눈에는 누나가 지금 연목구어하는 것 같아 보이는데요,
하루라도 빨리 누나가 자신의 상황을 파악해야 할 텐데 말이죠.

緣
인연 연

활용어휘

- 연유 : 일의 까닭.
- 사연 : 일의 앞뒤 사정과 까닭.

木
나무 목

활용어휘

- 수목원 : 관찰이나 연구의 목적으로 여러 가지 나무를 수집하여 재배하는 시설.
- 묘목 : 옮겨 심는 어린나무.

28日

오늘의 속담

귀에 걸면 귀걸이 코에 걸면 코걸이

: 귀에 걸면 귀걸이라고 하고 코에 걸면 코걸이라고 하며 마음대로 함.

일정한 원칙이 없이 둘러대기에 따라 이렇게도 되고 저렇게도 될 수 있음을 비유적으로 이르는 말.

비슷한 표현	이현령비현령(耳懸鈴鼻懸鈴) : 귀에 걸면 귀걸이 코에 걸면 코걸이.

12月 2日

오늘의 속담

얌전한 고양이 부뚜막*에 먼저 올라간다

: 얌전해 보이는 고양이가 먹을 것을 찾아 부뚜막에 먼저 올라감.

겉으로는 얌전하고 아무것도 못 할 것처럼 보이는 사람이
딴짓을 하거나 자기 실속을 다 차리는 경우를 비유적으로 이르는 말.

비슷한 표현

점잖은 개가 부뚜막에 오른다.
새침데기 골로 빠진다.

* 부뚜막 : 아궁이 위에 솥을 걸어놓는 언저리. 흙과 돌을 섞어 쌓아 편평하게 만든다.

1月

29日

오늘의 사자성어

안빈낙도

: 가난한 생활을 하면서도 편안한 마음으로 도를 즐겨 지킴.

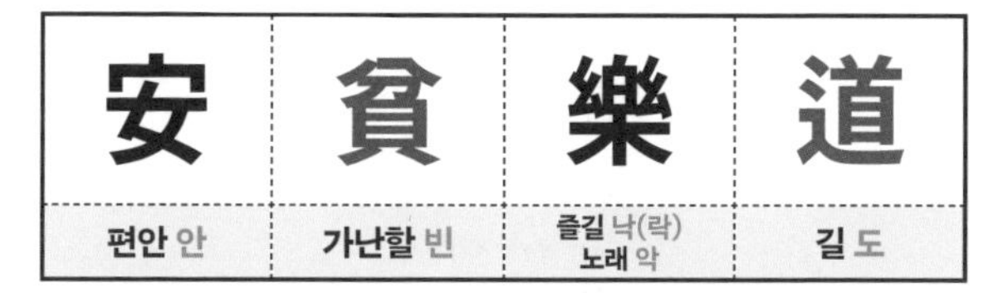

安	貧	樂	道
편안 안	가난할 빈	즐길 낙(락) 노래 악	길 도

아빠께서는 형에게 열심히 공부 안 하면 나중에 고생한다고 설득하세요.
형은 안빈낙도하며 사는 것도 나쁘지 않다고 대답하고요.
그 말을 들으시던 엄마께서는 또 한 번 깊은 한숨을 내쉬시네요.
우리 엄마의 저 한숨을 어찌하면 좋을까요?

貧
가난할 빈

활용어휘

- 빈곤 : 가난하여 살기가 어려움.
- 빈약 : 가난하고 힘이 없음. 형태나 내용이 충실하지 못하고 보잘것없음.

道
길 도

활용어휘

- 도의 : 사람이 마땅히 지키고 행하여야 할 도덕적 의리.
- 편도 : 가고 오는 길 가운데 어느 한쪽. 또는 그 길.

12月 1日

오늘의 속담

고래 싸움에 새우 등 터진다

: 큰 고래들끼리 싸우는데 작은 새우가 지나가다가 피해를 봄.

강한 자들끼리 싸우는 통에 아무 상관도 없는 약한 자가 중간에 끼어 피해를 입게 됨을 비유적으로 이르는 말.

비슷한 표현

경전하사(鯨戰蝦死) : 고래 싸움에 새우 등 터진다.
간어제초(間於齊楚) : 제나라와 초나라 사이. 약자가 강자들 틈에 끼어 괴로움을 받음.

1月

30日

오늘의 사자성어

산해진미

: 산과 바다에서 나는 온갖 진귀한 물건으로 차린,
맛이 좋은 음식.

山	海	珍	味
메 산	바다 해	보배 진	맛 미

생일에는 평소 먹고 싶었던 음식을 엄마, 아빠께서 다 만들어주시고,
다 사주시지요? 산해진미로 가득한 식탁을 보면
일 년에 생일이 열 번쯤은 있었으면 좋겠다는 생각이 들어요.
생일은 왜 일 년에 한 번밖에 없는 겁니까!!!!

珍 보배 진

활용어휘

- 진주 : 진주조개 · 대합 · 전복 따위의 조가비나 살 속에 생기는 딱딱한 덩어리.
- 진귀하다 : 보배롭고 보기 드물게 귀하다.

味 맛 미

활용어휘

- 미각 : 맛을 느끼는 감각. 단맛, 짠맛, 신맛, 쓴맛의 네 가지 기본 미각이 있다.
- 취미 : 전문적으로 하는 것이 아니라 즐기기 위하여 하는 일.

12月

月	火	水	木	金	土	日

1月

31日

오늘의 사자성어

동병상련

: 같은 병을 앓는 사람끼리 서로 가엾게 여긴다는 뜻으로,
어려운 처지에 있는 사람들이 서로 딱하게 여김을 이르는 말.

同	病	相	憐
한가지 동	병 병	서로 상	불쌍히 여길 련(연)

저는 오늘 좋아하는 친구에게 고백했다가 거절당했는데,
마침 우리 형도 오늘 여자친구랑 헤어졌대요.
동병상련의 마음으로 형과 저는 함께 짜장면을 시켜 먹기로 했어요.
우리 형제에게도 행복한 날이 오길 바라면서요.

同
한가지 동

활용어휘

- 동료 : 같은 직장이나 같은 부문에서 함께 일하는 사람.
- 협동 : 서로 마음과 힘을 하나로 합함.

相
서로 상

활용어휘

- 상담 : 문제를 해결하거나 궁금증을 풀기 위하여 서로 의논함.
- 위상 : 어떤 사물이 다른 사물과의 관계 속에서 가지는 위치나 상태.

11月

오늘의 사자성어

30日

교언영색

: 아첨하는 말과 알랑거리는 태도.

巧	言	令	色
공교할 교	말씀 언	하여금 영(령)	빛 색

누나가 저녁을 먹다 말고 갑자기 엄마를 보면서
오늘따라 유난히 예쁘시다느니, 저녁 반찬이 너무 맛있다느니,
살이 빠져 보이신다느니 하며 칭찬을 줄줄 읊어요.
이게 바로 교언영색이군요. 아마도 용돈이 다 떨어진 모양이에요.

巧
공교할 교

활용어휘

- 교묘하다 : 솜씨나 재주 따위가 재치 있게 약삭빠르고 묘하다.
- 정교하다 : 솜씨나 기술 따위가 정밀하고 교묘하다.

令
하여금 영(령)

활용어휘

- 명령 : 윗사람이나 상위 조직이 아랫사람이나 하위 조직에 무엇을 하게 함. 또는 그런 내용.
- 가령 : 가정하여 말하여. 예를 들어.

2月

月	火	水	木	金	土	日

11月

29日

오늘의 사자성어

일사불란

: 한 가닥 실도 엉키지 아니함이란 뜻으로,
질서가 정연하여 조금도 흐트러지지 않음을 이르는 말.

一	絲	不	亂
한 일	실 사	아니 불(부)	어지러울 란(난)

체육 시간마다 줄을 바르게 서지 않아서 선생님께 혼이 났는데,
오늘은 어찌 된 일인지 친구들이 일사불란하게 움직이며 줄을 맞춰 섭니다.
선생님께서도 깜짝 놀라시며 폭풍 칭찬을 해주시네요.

絲
실 사

활용어휘

- 나사 : 몸의 표면에는 나선형으로 홈이 나 있고, 머리에는 드라이버로 돌릴 수 있도록 홈이 나 있는 못.
- 합사 : 두 가닥 이상의 실을 합침. 또는 그렇게 합친 실.

亂
어지러울 란(난)

활용어휘

- 소란 : 시끄럽고 어수선함.
- 교란 : 마음이나 상황 따위를 뒤흔들어서 어지럽고 혼란하게 함.

2月

오늘의 사자성어

1日

막역지간

: 서로 거스르지 않는 사이라는 뜻으로, 허물이 없는 아주 친한 사이를 이르는 말.

莫	逆	之	間
없을 막	거스를 역	갈 지 어조사 지	사이 간

서로의 비밀까지도 모두 알고 있는 절친한 친구가 있어요.
수영 수업 후에 같이 샤워도 할 수 있는 친구예요.
제가 좋아하는 친구가 누구인지도 말해줄 수 있고요.
여러분에게도 이렇게 막역지간인 가까운 친구가 있나요?

逆
거스를 역

활용어휘

- 역전하다 : 형세가 뒤집히다. 또는 형세를 뒤집다.
- 거역 : 윗사람의 뜻이나 지시 따위를 따르지 않고 거스름.

間
사이 간

활용어휘

- 시간 : 하루의 24분의 1이 되는 동안을 세는 단위.
- 간극 : 사물 또는 시간 사이의 틈. 관계 속에서 생기는 입장이나 의견의 차이.

11月

28日

오늘의 사자성어

사분오열

: 여러 갈래로 갈기갈기 찢어짐.
또는 질서 없이 어지럽게 흩어지거나 헤어짐을 이르는 말.

四	分	五	裂
넉 사	나눌 분	다섯 오	찢을 열(렬)

우리가 가장 사랑하는 체육 시간, 선생님께서
여자는 오른쪽에 두 줄로 서고 남자는 왼쪽에 두 줄로 서라고 하셔요.
그런데 친구들이 줄은 서지 않고 사분오열하고 있어요.
선생님께서 곧 큰소리로 호통을 치시겠죠?

分
나눌 분

활용어휘

- 분석 : 얽혀 있거나 복잡한 것을 풀어서 개별적인 요소나 성질로 나눔.
- 분배하다 : 몫몫이 별러 나누다.

裂
찢을 열(렬)

활용어휘

- 균열 : 거북의 등에 있는 무늬처럼 갈라져 터짐. 친하게 지내는 사이에 틈이 남.
- 결렬되다 : 갈래갈래 찢어지다. 교섭이나 회의 따위에서 의견이 합쳐지지 않아 각각 갈라서게 되다.

2月

오늘의 사자성어

2日

솔선수범

: 남보다 앞장서서 행동해서 몸소 다른 사람의 본보기가 됨.

率	先	垂	範
거느릴 솔	먼저 선	드리울 수	법 범 본보기 범

성적표를 받았는데 솔선수범하는 모범적인 어린이라고 쓰여 있어요.
저는 수업 종이 울리면 바로 자리에 앉아 교과서를 준비하고,
교실이 지저분하면 나서서 청소하고, 도움이 필요한 친구를 먼저 도와주는 편인데,
선생님께서 그 모습을 눈여겨보셨나 봐요.

率
거느릴 솔

활용어휘

- 경솔 : 말이나 행동이 조심성 없이 가벼움.
- 솔직하다 : 거짓이나 숨김이 없이 바르고 곧다.

範
법 범
본보기 범

활용어휘

- 규범 : 인간이 행동하거나 판단할 때에 마땅히 따르고 지켜야 할 가치 판단의 기준.
- 모범 : 본받아 배울 만한 대상.

11月

오늘의 사자성어

27日

명약관화

: 불을 보듯 분명하고 뻔함.

明	若	觀	火
밝을 명	같을 약	볼 관	불 화

친구 녀석이 우리 학교에서 가장 예쁘다는 여자아이에게 고백하겠대요.
도도하기로 소문난 아이라 친구가 그래봤자 소용이 없을 것 같은데,
그래도 굳이 용기 내보겠다네요.
명약관화이기에 말리고 싶지만, 그냥 응원해 주려고요.

若
같을 약

활용어휘
- 만약 : 혹시 있을지도 모르는 뜻밖의 경우.
- 약간 : 얼마 되지 않음. 얼마 안되게. 또는 얼마쯤.

火
불 화

활용어휘
- 화재 : 불이 나는 재앙. 또는 불로 인한 재난.
- 진화 : 불이 난 것을 끔.

믿는 도끼에 발등 찍힌다

: 익숙하게 사용하던 도끼로 나무를 베려다가 오히려 자기 발등을 찍음.

잘되리라고 믿고 있던 일이 어긋나거나 믿고 있던 사람이 배반하여 오히려 해를 입음을 비유적으로 이르는 말.

비슷한 표현

믿었던 돌에 발부리 채었다.
지부작족(知斧斫足) : 믿는 도끼에 발등 찍힌다.

11月

26日

오늘의 사자성어

가렴주구

: 세금을 가혹하게 거두어들이고, 무리하게 재물을 빼앗음.

苛	斂	誅	求
가혹할 가	거둘 렴(염)	벨 주	구할 구

전래동화를 읽다 보면 백성들에게 세금을 왕창 걷어 가는
고약하기 짝이 없는 사또가 나오는 장면을
한 번쯤은 볼 수 있어요.
가렴주구에 힘들어하는 백성들의 모습을 보면 사또를 혼내주고 싶어지지요.

苛
가혹할 가

활용어휘

- 가혹하다 : 몹시 모질고 혹독하다.
- 가중하다 : 가혹하고 부담이 무겁다.

斂
거둘 렴(염)

활용어휘

- 수렴 : 돈이나 물건 따위를 거두어들임. 의견이나 사상 따위가 여럿으로 나뉘어 있는 것을 하나로 모아 정리함.
- 후렴 : 시(詩)의 각 절 끝에 되풀이되는 같은 시구. 노래 곡조 끝에 붙여 같은 가락으로 되풀이하여 부르는 짧은 몇 마디의 가사.

2月

4日

오늘의 속담

배보다 배꼽이 더 크다

: 배에 붙어 있는 배꼽이 배보다 클 수가 없는데 더 큼.

기본이 되는 것보다 덧붙이는 것이 더 많거나 큰 경우를 비유적으로 이르는 말.

비슷한 표현

몸보다 배꼽이 더 크다.
발보다 발가락이 더 크다.
주객전도(主客顚倒) : 주인과 손님의 위치가 뒤바뀐다는 뜻.

11月 25日

오늘의 속담

계란으로 바위 치기

: 깨지기 쉬운 계란으로 바위를 침.

대항해도 도저히 이길 수 없는 경우를 비유적으로 이르는 말.

비슷한 표현	바위에 머리 받기. 이란격석(以卵擊石) : 달걀로 돌을 치다.

2月

오늘의 사자성어

5日

군계일학

: 닭의 무리 속 한 마리의 학이란 뜻으로, 많은 사람 가운데에서 뛰어난 인물을 이르는 말.

群	鷄	一	鶴
무리 군	닭 계	한 일	학 학

좋아하는 아이돌 그룹의 멤버가 모두 일곱 명인데
그중 내 눈에 유독 멋져 보이는 한 명이 있어요.
춤도 잘 추고, 노래도 잘하고, 키도 크고, 얼굴도 멋져요.
이런 사람을 군계일학이라고 하는데요, 혹시 내 눈에만 그런가요?

群
무리 군

활용어휘

- 군중 : 한곳에 모인 많은 사람. 수많은 사람.
- 증후군 : 몇 가지 증세가 늘 함께 나타나지만, 그 원인이 명확하지 아니하거나 단일하지 아니한 병적인 증상들을 통틀어 이르는 말.

鷄
닭 계

활용어휘

- 계란 : 닭이 낳은 알. 알껍데기, 노른자, 흰자 따위로 이루어져 있다.
- 계륵 : '닭의 갈빗대'라는 뜻으로, 먹기에는 너무 양이 적고 버리기에는 아까운 것을 이르는 말.

11月 24日 오늘의 속담

아는 것이 병

: 어설프게 아는 것이 오히려 걱정거리를 만들 수 있음.

아무것도 모르면 차라리 마음이 편하여 좋으나,
무엇이나 좀 알고 있으면 걱정거리가 많아 도리어 해롭다는 말.

비슷한 표현	무지각* 이 상팔자.* 식자우환(識字憂患) : 학식이 있는 것이 오히려 근심을 사게 됨.

* 무지각 : 지각이 없는 상태.
* 상팔자 : 썩 좋은 팔자.

2月

오늘의 사자성어

6日

다정다감

: 정이 많고 감정이 풍부함.

多	情	多	感
많을 다	뜻 정	많을 다	느낄 감

엄마께 혼이 났을 때, 날 위로해 주는 사람은 아빠예요.
시험을 못 봐서 속상할 때 응원의 말을 해주는 사람도 아빠예요.
친구와 다퉈서 화가 났을 때 내 등을 토닥여주는 사람도 아빠예요.
다정다감하신 우리 아빠가, 제겐 최고예요.

多
많을 다

활용어휘

- 다양하다 : 모양, 빛깔, 형태, 양식 따위가 여러 가지로 많다.
- 다수결 : 회의에서 많은 사람의 의견에 따라 안건의 가부를 결정하는 일.

情
뜻 정

활용어휘

- 서정 : 주로 예술 작품에서, 자기의 감정이나 정서를 그려냄.
- 감정 : 어떤 현상이나 일에 대하여 일어나는 마음이나 느끼는 기분.

11月

23日

오늘의 사자성어

고장난명

: 외손뼉만으로는 소리가 울리지 아니한다는 뜻으로, 혼자의 힘만으로는 어떤 일을 이루기 힘듦을 이르는 말.

孤	掌	難	鳴
외로울 고	손바닥 장	어려울 난	울 명

친구들이 다투어서 선생님께 불려 갔어요.
서로 잘못이 없다고, 상대방이 먼저 잘못했다고 말해요.
선생님께서 화해하는 것도 고장난명이라고 하시면서
자신의 잘못을 먼저 인정하였으면 좋겠다고 말씀하셔요.

掌
손바닥 장

활용어휘

- 장갑 : 손을 보호하거나 추위를 막거나 장식하기 위하여 손에 끼는 물건. 천, 가죽, 털실 따위로 만든다.
- 장악 : 손안에 잡아 쥔다는 뜻으로, 무엇을 마음대로 할 수 있게 됨을 이르는 말.

難
어려울 난

활용어휘

- 난제 : 해결하기 어려운 일이나 사건.
- 난민 : 전쟁이나 재난 따위를 당하여 곤경에 빠진 사람. 가난하여 생활이 어려운 사람.

2月

7日

오늘의 사자성어

두문불출

: 집에만 있고 바깥 출입을 아니함.

杜	門	不	出
막을 두	문 문	아니 불(부)	날 출

형이 여자친구와 헤어지고 나서부터는 좀처럼 외출을 안 하네요.
툭하면 저를 괴롭히던 형이지만,
두문불출하며 방에만 콕 박혀 있는 걸 보니 살짝 안쓰럽기도 해요.
그런 형에게는 어떤 선물이 필요할까요?

활용어휘

- 관문 : 국경이나 요새 따위를 드나들기 위해 거쳐야 하는 길목. 어떤 일을 하기 위하여 반드시 거쳐야 하는 대목.
- 전문가 : 어떤 분야를 연구하거나 그 일에 종사하여 그 분야에 상당한 지식과 경험을 가진 사람.

出
날 출

활용어휘

- 출석 : 어떤 자리에 나아가 참석함.
- 출발하다 : 목적지를 향하여 나아가다.

11月

22日

오늘의 사자성어

무소불위

: 하지 못하는 일이 없음.

無	所	不	爲
없을 무	바 소	아니 불(부)	할 위

옛날의 왕들은 무소불위한 힘을 지니고 있었어요.
지금으로서는 감히 상상도 하기 어려울 정도로 말이죠.
만약 모든 것을 할 수 있는 권력을 가진 왕이 된다면, 무엇을 하고 싶나요?
일주일을 '월화수목금토일'이 아니라 '월화수목토일일'로 만드는 건 어때요?

所 바 소

활용어휘

- 소망 : 어떤 일을 바람. 또는 그 바라는 것.
- 장소 : 어떤 일이 이루어지거나 일어나는 곳.

爲 할 위

활용어휘

- 행위 : 사람이 의지를 가지고 하는 짓.
- 당위성 : 마땅히 그렇게 하거나 되어야 할 성질.

2月

8日

오늘의 사자성어

시시비비

: 여러 가지의 잘잘못을 옳고 그름을 따지며 다툼.

是	是	非	非
이 시 옳을 시	옳을 시 이 시	아닐 비	아닐 비

엄마와 아빠께서 서로 서운한 일들을 이야기하시며 다툼이 생겼어요.
누가 청소를 더 많이 했는지, 누가 빨래를 더 자주 했는지,
누가 설거지를 더 많이 했는지, 누가 쓰레기 분리배출을 더 자주 했는지.
시시비비해 봤자 서로 기분만 나쁠 텐데, 어서 화해하세요.

是
옳을 시
이 시

활용어휘

- 역시 : 어떤 것을 전제로 하고 그것과 같게. 생각하였던 대로. 예전과 마찬가지로.
- 시인하다 : 어떤 내용이나 사실이 옳거나 그러하다고 인정하다.

非
아닐 비

활용어휘

- 비상하다 : 예사롭지 아니하다. 평범하지 아니하고 뛰어나다.
- 비난 : 남의 잘못이나 결점을 책잡아서 나쁘게 말함.

11月

21日

오늘의 사자성어

어불성설

: 말이 조금도 사리에 맞지 아니함.

語	不	成	說
말씀 어	아니 불(부)	이룰 성	말씀 설

동생과 다투었더니 가족끼리 다투면 안 된다고 엄마께서 혼내셨어요.
아니 그런데, 방금 전까지 그래놓고선 정작 엄마께서는 아빠랑 다투시네요.
어불성설이 이럴 때 사용하는 말인가 봐요.
엄마도 아빠랑 얼른 화해하세요!

語
말씀 어

활용어휘

- 어휘 : 어떤 일정한 범위 안에서 쓰이는 단어의 수효. 또는 단어의 전체.
- 단어 : 분리하여 자립적으로 쓸 수 있는 말이나 이에 준하는 말.

說
말씀 설

활용어휘

- 소설 : 사실 또는 작가의 상상력에 바탕을 두고 허구적으로 이야기를 꾸며나간 산문체의 문학 양식.
- 설득 : 상대편이 이쪽 편의 이야기를 따르도록 여러 가지로 깨우쳐 말함.

2月

오늘의 사자성어

9日

천재일우

: 천 년 동안 단 한 번 만난다는 뜻으로,
좀처럼 만나기 어려운 좋은 기회를 이르는 말.

千	載	一	遇
일천 천	실을 재	한 일	만날 우

엄마께서 회사에 일이 생기셔서 며칠간 출장을 가신대요.
그 말은 엄마가 며칠간 집에 안 계시다는 말이고,
곧 제가 그 며칠 동안 게임을 마음껏 할 수 있다는 뜻이겠죠?
천재일우의 기회를 놓치지 않으렵니다.

載
실을 재

활용어휘

- 등재 : 일정한 사항을 장부나 대장에 올림. 서적이나 잡지 따위에 실음.
- 탑재 : 배, 비행기, 차 따위에 물건을 실음.

遇
만날 우

활용어휘

- 경우 : 사리나 도리. 놓여 있는 조건이나 놓이게 된 형편이나 사정.
- 대우 : 어떤 사회적 관계나 태도로 대하는 일.

11月

20日

일구이언

: 한 입으로 두말을 한다는 뜻으로, 한 가지 일에 대하여 말을 이랬다저랬다 함을 이르는 말.

一	口	二	言
한 일	입 구	두 이	말씀 언

주말에 친구와 농구를 하기로 했어요.
그런데 친구가 갑자기 다른 애랑 자전거를 타기로 했다며 저와는 다음에 놀재요.
이미 했던 약속을 갖고 이랬다저랬다 하니 기분이 좋지 않네요.
저는 일구이언하는 사람이 되지 말아야겠다는 다짐을 했어요.

二
두 이

활용어휘

- 이중생활 : 이상과 현실이 서로 반대되는 생활. 의복 · 음식 · 거처 따위에 두 가지 식을 겹쳐 쓰는 일.
- 이중고 : 한꺼번에 겹치거나 거듭되는 고통.

言
말씀 언

활용어휘

- 언급 : 어떤 문제에 대하여 말함.
- 선언 : 널리 펴서 말함. 또는 그런 내용. 국가나 집단이 자기의 방침, 의견, 주장 따위를 외부에 정식으로 표명함.

2月 10日

오늘의 속담

가는 말이 고와야 오는 말이 곱다

: 상냥한 말투로 말을 건네야 상대방도 상냥하게 대답함.

자기가 남에게 말이나 행동을 좋게 하여야 남도 자기에게 좋게 한다는 말.

비슷한 표현	엑 하면 떽 한다. 가는 떡이 커야 오는 떡이 크다. 가는 정이 있어야 오는 정이 있다.

11月

19日

오늘의 사자성어

창해일속

: 넓고 큰 바닷속의 좁쌀 한 알이라는 뜻으로, 아주 많거나 넓은 것 가운데 있는 매우 하찮고 작은 것을 이르는 말.

滄	海	一	粟
큰 바다 창	바다 해	한 일	조 속

동생이 역사 만화를 즐겨 봐요. 우리나라 역사는 다 안다는 듯이 뽐내지요. 하지만 우리의 거대한 역사 중에서 동생이 아는 것이 과연 얼마나 될까요? 물론 동생이 전보다는 많은 것을 알게 된 건 맞지만, 지금 아는 지식은 창해일속에 불과하다는 사실을 알았으면 좋겠네요.

滄 큰 바다 창

활용어휘

- 창해 : 넓고 큰 바다.
- 창파 : 넓고 큰 바다의 맑고 푸른 물결.

粟 조 속

활용어휘

- 속전 : 조를 심은 밭.
- 한속 : 추울 때 몸에 돋는 소름.

말 한마디에 천 냥 빚도 갚는다

: 말을 한마디 잘했더니 천 냥이나 되는 빚도 갚은 것으로 해줌.

말만 잘하면 어려운 일이나 불가능해 보이는 일도 해결할 수 있다는 말.

비슷한 표현	말로 온 공을 갚는다. 길은 갈 탓 말은 할 탓.

11月 18日

오늘의 속담

사공이 많으면 배가 산으로 간다

: 배에 사람이 많아 각자 마음대로 노를 젓다 보면 목적지가 아닌 엉뚱한 곳에 가게 됨.

여러 사람이 자기주장만 내세우면 일이 제대로 되기 어려움을 비유적으로 이르는 말.

비슷한 표현

목수가 많으면 기둥이 기울어진다.
일국삼공(一國三公) : 한 나라에 왕이 셋 있음. 명령하는 윗사람이 많아서 누구의 말을 따라야 할지 모르는 경우.

2月

12日

오늘의 사자성어

낭중지추

: 주머니 속의 송곳이라는 뜻으로, 재능이 뛰어난 사람은 숨어 있어도 저절로 사람들에게 알려짐을 이르는 말.

囊	中	之	錐
주머니 낭	가운데 중 속 중	갈 지 어조사 지	송곳 추

제 친구 중 노래를 정말 잘하는 친구가 있는데
연예기획사로부터 가수를 해보지 않겠냐는 제안을 받았대요.
가수가 되고 싶다고 오디션을 찾아다닌 것도 아닌데,
이런 사람을 보고 낭중지추라고 하나 봐요.

囊 주머니 낭

활용어휘

- 배낭 : 물건을 넣어서 등에 질 수 있도록 헝겊이나 가죽 따위로 만든 가방.
- 모낭 : 내피 안에서 털뿌리를 싸고 털의 영양을 맡아보는 주머니.

中 가운데 중 / 속 중

활용어휘

- 중심 : 사물의 한가운데.
- 집중하다 : 한곳을 중심으로 하여 모이다. 또는 그렇게 모으다. 한 가지 일에 모든 힘을 쏟아붓다.

11月 17日

오늘의 속담

먼 사촌보다 가까운 이웃이 낫다

: 멀리 사는 친척보다는 가까이 사는 이웃이 서로 돕기에 더 나음.

이웃끼리 서로 친하게 지내다 보면 먼 곳에 있는 일가보다 더 친하게 되어 서로 도우며 살게 된다는 것을 이르는 말.

비슷한 표현

지척*의 원수가 천 리*의 벗보다 낫다.
원족근린(遠族近隣) : 먼 친족과 가까운 이웃. 멀리 사는 친척보다 가까이 사는 이웃이 더 낫다.

* 지척 : 한 자의 거리. 아주 가까운 거리를 비유적으로 이르는 말.
* 천 리 : 1리는 약 400미터, 1000리는 약 400킬로미터.

2月

13日

오늘의 사자성어

불철주야

: 어떤 일에 몰두하여 조금도 쉴 사이 없이 밤낮을 가리지 아니함.

不	撤	晝	夜
아닐 불(부)	거둘 철	낮 주	밤 야

지난번에는 시험 점수가 많이 낮았던 친구가, 이번 시험에서는 1등을 했어요.
성적을 올린 비결이 뭐냐고 물으니 불철주야 열심히 공부했대요.
역시 방법은 열심히 하는 것뿐이군요.
그런데, 나도 분명히 불철주야 열심히 한 것 같은데, 이상하다?

晝
낮 주

활용어휘

- 주간 : 먼동이 터서 해가 지기 전까지의 동안.
- 주야 : 밤과 낮을 아울러 이르는 말.

夜
밤 야

활용어휘

- 야간 : 해가 진 뒤부터 먼동이 트기 전까지의 동안.
- 야광 : 어둠 속에서 빛을 냄. 또는 그런 물건.

11月

16日

오늘의 사자성어

백리지재

: 백 리쯤 되는 땅을 다스릴 만한 재주라는 뜻으로, 사람됨과 수완이 있으나 썩 크지는 못함을 이르는 말.

百	里	之	才
일백 백	마을 리(이)	갈 지 어조사 지	재주 재

전교 회장을 하고 싶어서 전교 학생자치회 임원 선거에 출마했어요.
해마다 학급 회장에 당선이 되었기 때문에 전교 임원에도 당선이 될 줄 알았는데,
아이코, 이런! 보기 좋게 떨어지고 말았어요.
저의 능력은 백리지재 정도인가 봅니다. 그래도 또 도전!

里 마을 리(이)

활용어휘

- 이정표 : 주로 도로상에서 어느 곳까지의 거리 및 방향을 알려주는 표지.
- 천리마 : 하루에 천 리를 달릴 만한 썩 좋은 말.

才 재주 재

활용어휘

- 재능 : 어떤 일을 하는 데 필요한 재주와 능력. 개인이 타고난 능력과 훈련에 의하여 획득된 능력을 아울러 이른다.
- 영재 : 뛰어난 재주. 또는 그런 사람.

2月

14日

오늘의 사자성어

애이불비

: 슬프지만 겉으로는 슬픔을 나타내지 아니함.

哀	而	不	悲
슬플 애	말 이을 이	아니 불(부)	슬플 비

김소월의 '진달래꽃'이라는 시를 들어본 적이 있나요?
'나 보기가 역겨워 가실 때에는 / 말없이 고이 보내 드리오리다'.
사랑하는 사람을 보내는 것이 슬프지만 붙잡고 울지 않고 이별을 받아들이겠대요.
애이불비하는 마음을 어쩜 이렇게 아름답게 표현했을까요?

哀
슬플 애

활용어휘

- 애도 : 사람의 죽음을 슬퍼함.
- 애석하다 : 슬프고 아깝다.

悲
슬플 비

활용어휘

- 비명 : 슬피 욺. 또는 그런 울음소리. 일이 매우 위급하거나 몹시 두려움을 느낄 때 지르는 외마디 소리.
- 비참 : 더할 수 없이 슬프고 끔찍함.

11月

15日

오늘의 사자성어

멸사봉공

: 사욕을 버리고 공익을 위하여 힘씀.

滅	私	奉	公
꺼질 멸 멸할 멸	사사 사	받들 봉	공평할 공

친구들이랑 학교 마치고 떡볶이를 먹으러 가기로 했어요.
그런데 반장은 교실이 너무 지저분하다며 남아서 정리를 하고 오겠대요.
떡볶이를 엄청나게 좋아하는 반장인데,
멸사봉공하는 멋진 반장에게 박수를 보냅니다. 짝짝짝!

滅
꺼질 멸
멸할 멸

활용어휘

- 멸종되다 : 생물의 한 종류가 아주 없어지다.
- 불멸 : 없어지거나 사라지지 아니함.

奉
받들 봉

활용어휘

- 봉사하다 : 국가나 사회 또는 남을 위하여 자신을 돌보지 아니하고 힘을 바쳐 애쓰다.
- 봉헌 : 물건을 받들어 바침.

2月

15日

오늘의 사자성어

전화위복

: 재앙과 근심, 걱정이 바뀌어 오히려 복이 됨.

轉	禍	爲	福
구를 전	재앙 화	할 위	복 복

**넘어져서 오른쪽 팔을 다쳐 당분간 깁스를 하고 다녀야 해요.
어쩔 수 없이 엄마께서 밥도 먹여주시고, 세수도 시켜주세요.
생각지도 못하게 엄마의 관심과 사랑을 독차지하게 되었네요.
전화위복이라는 게 바로 이런 건가요?**

轉
구를 전

활용어휘

- 전전 : 여기저기로 옮겨 다님.
- 전환 : 다른 방향이나 상태로 바뀌거나 바꿈.

福
복 복

활용어휘

- 행복 : 복된 좋은 운수. 생활에서 충분한 만족과 기쁨을 느끼어 흐뭇함. 또는 그러한 상태.
- 복지 : 행복한 삶.

11月

14日

오늘의 사자성어

과대망상

: 사실보다 과장하여 터무니없는 헛된 생각을 하는 증상.

誇	大	妄	想
자랑할 과	큰 대	허망할 망	생각할 상

제 친구는 스무 살이 되면 유명한 아이돌 가수와 결혼을 할 거래요.
어떻게 청혼할 건지도 생각해 두었고 그때 입을 옷도 다 결정해 두었대요.
과대망상 중인 것으로 보이는 제 친구가
과연 결국 누구랑 결혼하게 될지 벌써 흥미진진하네요.

誇
자랑할 과

활용어휘

- 과장하다 : 사실보다 지나치게 불려서 나타내다.
- 과시 : 자랑하여 보임. 사실보다 크게 나타내어 보임.

想
생각할 상

활용어휘

- 상상 : 실제로 경험하지 않은 현상이나 사물에 대하여 마음속으로 그려봄.
- 구상하다 : 앞으로 이루려는 일에 대하여 그 일의 내용이나 규모, 실현 방법 따위를 어떻게 정할 것인지 이리저리 생각하다.

2月

16日

오늘의 사자성어

대동단결

: 여러 집단이나 사람이 어떤 목적을 이루려고 크게 한 덩어리로 뭉침.

大	同	團	結
클 대	한가지 동	둥글 단 모일 단	맺을 결

월드컵을 할 때면 우리나라 선수들을 응원하기 위해 많은 사람이 함께 목소리를 높여요. 붉은 옷을 맞추어 입고 "대~한민국!"을 외치며 대동단결하는 모습을 보면 괜스레 울컥하고 감동이 밀려옵니다. 오랜만에 같이 한번 외쳐볼까요? "대~한민국!"

團
둥글 단
모일 단

활용어휘

- 집단 : 여럿이 모여 이룬 모임.
- 단체 : 같은 목적을 달성하기 위하여 모인 사람들의 일정한 조직체.

結
맺을 결

활용어휘

- 결국 : 일이 마무리되는 마당이나 일의 결과가 그렇게 돌아감을 이르는 말.
- 체결 : 얽어서 맺음. 계약이나 조약 따위를 공식적으로 맺음.

11月

13日

오늘의 사자성어

중과부적

: 적은 수효로 많은 수효를 대적하지 못함.

衆	寡	不	敵
무리 중	적을 과	아닐 부(불)	대적할 적

힘이 센 남자아이가 있는데요, 여자아이 열 명쯤은 거뜬히 이길 수 있대요.
그래서 1 대 10으로 줄다리기를 해봤는데요,
아무리 힘이 센들 혼자서 열 명을 어떻게 이기겠어요?
중과부적이죠.

衆
무리 중

활용어휘

- 중론 : 여러 사람의 의견.
- 청중 : 강연이나 설교, 음악 따위를 듣기 위하여 모인 사람들.

寡
적을 과

활용어휘

- 과부 : 남편을 잃고 혼자 사는 여자.
- 과점 : 몇몇 기업이 어떤 상품 시장의 대부분을 지배하는 상태.

2月 17日

오늘의 속담

쥐구멍에도 볕 들 날 있다

: 구석진 쥐구멍에도 햇빛이 비쳐 환해지는 순간이 있음.

몹시 고생을 하는 삶도 좋은 운수가 터질 날이 있다는 말.

비슷한 표현	응달에도 햇빛 드는 날이 있다. 개똥밭에 이슬 내릴 때가 있다. 고랑도 이랑될 날 있다.

11月

12日

오늘의 사자성어

일자무식

: 글자를 한 자도 모를 정도로 무식함. 또는 그런 사람.

一	字	無	識
한 일	글자 자	없을 무	알 식

LA갈비를 먹다 말고 누나가 미국의 수도가 LA래요.
미국의 수도는 워싱턴인데, 이게 무슨 말인지 모르겠네요.
혹시나 싶어 다른 나라의 수도를 물어봤는데, 대답을 잘 못해요.
우리 누나는 나라 수도에 대해서는 일자무식인 것 같아요.

字
글자 자

활용어휘

- 팔자 : 사람의 한평생의 운수.
- 문자 : 인간의 언어를 적는 데 사용하는 시각적인 기호 체계.

識
알 식

활용어휘

- 의식 : 깨어 있는 상태에서 자기 자신이나 사물에 대하여 인식하는 작용.
- 식견 : 학식과 견문이라는 뜻으로, 사물을 분별할 수 있는 능력을 이르는 말.

18日

오늘의 속담

원숭이도 나무에서 떨어진다

: 나무를 잘 타는 원숭이도 나무에서 떨어질 때가 있음.

어떤 일을 아무리 익숙하게 잘하는 사람이라도
간혹 실수할 때가 있음을 비유적으로 이르는 말.

비슷한 표현

닭도 홰*에서 떨어지는 날이 있다.
천려일실(千慮一失) : 천 가지 생각 중의 한 가지 실수.

* 홰 : 새장이나 닭장 속에 새나 닭이 올라앉게 가로질러 놓은 나무 막대.

11月 11日 오늘의 속담

되* 로 주고 말* 로 받는다

: 한 되 정도 되는 적은 양을 주고 그 열 배가 되는 말만큼 받음.

조금 주고 그 대가로 몇 곱절이나 많이 받는 경우를 비유적으로 이르는 말.

비슷한 표현	한 되 주고 한 섬 받는다. 가는 방망이 오는 홍두깨.

* 되 : 곡식, 가루, 액체 따위를 담아 분량을 헤아리는 데 쓰는 그릇. 주로 사각형 모양의 나무로 되어 있다. (약 1. 8리터)
* 말 : 곡식, 액체, 가루 따위의 분량을 되는 데 쓰는 그릇. 나무나 쇠붙이를 이용하여 원기둥 모양으로 열 되가 들어가게 만든다. (약 18리터)

2月

19日

오늘의 사자성어

아비규환

: 아비지옥과 규환지옥을 아우르는 뜻으로, 여러 사람이 비참한 지경에 빠져 울부짖는 참상을 비유적으로 이르는 말.

阿	鼻	叫	喚
언덕 아	코 비	부르짖을 규	부를 환

다른 나라에서 전쟁이 난 뉴스가 텔레비전에 나왔는데,
그 모습이 정말 아비규환이라 무척 가슴이 아팠어요.
다친 사람도, 죽은 사람도 너무나 많았거든요.
저는 진심으로 세계평화를 기원하고 있어요!

阿
언덕 아

활용어휘

- 아첨 : 남의 환심을 사거나 잘 보이려고 알랑거림. 또는 그런 말이나 짓.
- 아부 : 남의 비위를 맞추어 알랑거림.

叫
부르짖을 규

활용어휘

- 절규 : 있는 힘을 다하여 절절하고 애타게 부르짖음.
- 규환 : 큰 소리를 지르며 부르짖음.

11月 10日

오늘의 속담

간에 붙었다 쓸개에 붙었다 한다

: 이익이 되면 이편저편을 오가며 유리한 쪽으로 붙음.

제 줏대*를 지키지 못하고 이익이나 상황에 따라
이리저리 언행을 바꾸는 사람을 비꼬아 이르는 말.

비슷한 표현	간에 가 붙고 쓸개에 가 붙는다.

* 줏대 : 자기의 처지나 생각을 꿋꿋이 지키고 내세우는 기질이나 기풍.

2月

오늘의 사자성어

20日

격세지감

: 오래지 않은 동안에 몰라보게 변하여
아주 다른 세상이 된 것 같은 느낌.

隔	世	之	感
사이 뜰 격	대 세 인간 세	갈 지 어조사 지	느낄 감

태블릿을 펼쳐놓고 공부하는 제 모습을 보며
할머니께서 어떻게 그런 걸로 공부를 할 수 있냐며 깜짝 놀라셨어요.
연필로 공책에 글씨를 쓰며 공부하던 시절과 너무 달라졌다며
격세지감이 아주 그냥 팍팍 느껴지신대요.

隔
사이 뜰 격

활용어휘

- 간격 : 공간적으로 벌어진 사이. 시간적으로 벌어진 사이.
- 격리 : 다른 것과 통하지 못하게 사이를 막거나 떼어놓음.

世
대 세
인간 세

활용어휘

- 세계 : 지구상의 모든 나라. 또는 인류 사회 전체.
- 세대 : 어린아이가 성장하여 부모 일을 계승할 때까지의 30년 정도 되는 기간.

11月

9日

오늘의 사자성어

호사유피

: 호랑이는 죽어서 가죽을 남긴다는 뜻으로, 사람은 죽어서 명예를 남겨야 함을 이르는 말.

虎	死	留	皮
범 호	죽을 사	머무를 유(류)	가죽 피

제 꿈은 요리 크리에이터가 되는 것인데, 요즘엔 과학자가 되고 싶기도 해요.
역사에 길이길이 남을 유명한 과학자 말이에요.
호사유피라는 말처럼,
사람으로 태어났으면 후대에 이름 석 자는 남겨야 멋지지 않겠어요?

留 머무를 유(류)

활용어휘

- 체류 : 객지에 가서 머물러 있음.
- 유의 : 마음에 둠. 잊지 않고 새겨둠.

皮 가죽 피

활용어휘

- 피혁 : 가죽.
- 탈피 : 껍질이나 가죽을 벗김. 일정한 상태나 처지에서 완전히 벗어남.

2月

21日

오늘의 사자성어

부지기수

: 헤아릴 수가 없을 만큼 많음. 또는 그렇게 많은 수효.

不	知	其	數
아니 부(불)	알 지	그 기	셈 수

저는 요리하는 것을 좋아해서 요리 크리에이터가 되고 싶어요.
그런데 요리나 음식 관련 콘텐츠를 제작하는 사람들이 부지기수다 보니,
과연 제가 성공할 수 있을지 걱정이 되기는 해요.
걱정할 시간에 요리에 관한 공부를 더 하는게 낫겠죠?

其 그 기

활용어휘

- 기타 : 그 밖의 또 다른 것.
- 각기 : 저마다의 사람이나 사물.

數 셈 수

활용어휘

- 수학 : 수량 및 공간의 성질에 관하여 연구하는 학문. 대수학, 기하학, 해석학 및 이를 응용하는 학문을 통틀어 이르는 말.
- 전수 : 전체의 수효나 분량.

11月

8日

오늘의 사자성어

좌고우면

: 이쪽저쪽을 돌아본다는 뜻으로,
앞뒤를 재고 망설임을 이르는 말.

左	顧	右	眄
왼 좌	돌아볼 고	오른쪽 우	곁눈질할 면

두 친구에게 동시에 고백을 받았어요. 두 친구 모두 저를 좋아한대요.
한 친구는 착하고 상냥하지만 예쁘지 않고,
다른 한 친구는 운동을 잘하지만 너무 왈가닥이에요.
어떤 친구를 선택해야 할지 좌고우면하게 되네요.

顧
돌아볼 고

활용어휘

- 회고 : 뒤를 돌아다봄. 지나간 일을 돌이켜 생각함.
- 고문 : 의견을 물음. 어떤 분야에 대하여 전문적인 지식과 풍부한 경험을 가지고 자문에 응하여 의견을 제시하고 조언을 하는 직책. 또는 그런 직책에 있는 사람.

眄
곁눈질할 면

활용어휘

- 전면 : 눈알을 굴려서 봄. 눈알을 굴리는 잠깐 사이.
- 당면 : 눈을 크게 뜨고 똑바로 쳐다봄.

2月

22日

오늘의 사자성어

죽마고우

: 대나무 말을 타고 놀던 벗이라는 뜻으로, 어릴 때부터 같이 놀며 자란 친구.

竹	馬	故	友
대 죽	말 마	옛 고 연고 고	벗 우

아빠께는 죽마고우가 있어요.
아빠께서 초등학교 다닐 때부터 매일 붙어 다니며 놀던 친구래요.
지금도 서로를 챙기며 좋은 것을 나누시는 두 분의 우정이 멋져 보여요.
저에게도 죽마고우가 있다면 좋겠다는 생각을 했어요.

故
옛 고
연고 고

활용어휘

- 작고 : 고인이 되었다는 뜻으로, 사람의 죽음을 높여 이르는 말.
- 고의 : 일부러 하는 생각이나 태도.

友
벗 우

활용어휘

- 우애 : 형제간 또는 친구 간의 사랑이나 정분.
- 우정 : 친구 사이의 정.

11月

7日

오늘의 사자성어

사통팔달

: 도로나 교통망, 통신망 따위가 이리저리 사방으로 통함.

四	通	八	達
넉 사	통할 통	여덟 팔	통달할 달

요즘은 제주도도 한두 시간이면 갈 수 있고,
외국에 사는 친구와도 언제든 연락할 수 있어요.
사통팔달한 시대에 살고 있다는 건 정말 행운이에요.
생각난 김에 멀리 계신 할아버지께 전화를 드려봐야겠어요!

通 통할 통

활용어휘

- 소통하다 : 막히지 아니하고 잘 통하다.
- 통신 : 소식을 전함. 우편이나 전신, 전화 따위로 정보나 의사를 전달함. 신문이나 잡지에 실을 기사의 자료를 보냄. 또는 그 자료.

達 통달할 달

활용어휘

- 전달 : 지시, 명령, 물품 따위를 다른 사람이나 기관에 전하여 이르게 함.
- 활달하다 : 도량이 넓고 크다. 활발하고 의젓하다.

2月

오늘의 사자성어

23日

차일피일

: 이날 저 날 하고 자꾸 기한을 미루는 모양.

此	日	彼	日
이 차	날 일	저 피	날 일

아빠께서 새 로봇 장난감을 사주기로 약속을 하셨어요. 그런데 아빠께서 예상하셨던 것보다 많이 비싸서 그런지, 약속을 지키지 않고 차일피일 자꾸 미루며 사주지 않고 계세요. 아빠, 약속은 지키라고 있는 거예요.

此
이 차

활용어휘

- 여차하다 : 일이 뜻대로 되지 아니하다.
- 피차일반 : 두 편이 서로 같음.

彼
저 피

활용어휘

- 어차피 : 이렇게 하든지 저렇게 하든지. 또는 이렇게 되든지 저렇게 되든지.
- 피차 : 저것과 이것을 아울러 이르는 말. 이쪽과 저쪽의 양쪽.

11月

오늘의 사자성어

6日

궁여지책

: 궁한 나머지 생각다 못하여 짜낸 계책.

窮	餘	之	策
궁할 궁 다할 궁	남을 여	갈 지 어조사 지	꾀 책

숙제를 다 못 했는데 친구가 놀자고 해서 엄마를 속였어요.
친구가 다쳐서 병문안을 가야 할 것 같다고 말씀드렸거든요.
엄마께서는 친구 집에 전화를 걸어보시더니 궁여지책으로 생각해 낸 것이
친구가 아프다는 거짓말이냐며 꾸중만 엄청 하셨네요, 힝.

窮
궁할 궁
다할 궁

활용어휘

- 궁색하다 : 아주 가난하다. 말이나 태도, 행동의 이유나 근거 따위가 부족하다.
- 궁핍 : 몹시 가난함.

餘
남을 여

활용어휘

- 여분 : 어떤 한도에 차고 남은 부분.
- 여유 : 물질적 · 공간적 · 시간적으로 넉넉하여 남음이 있는 상태. 느긋하고 차분하게 생각하거나 행동하는 마음의 상태.

2月 24日

오늘의 속담

금강산도 식후경

: 금강산처럼 멋진 경치도 식사 후에 구경해야 즐거움.

아무리 재미있는 일이라도 배가 부르고 난 뒤에야 흥이 난다는 것을 비유적으로 이르는 말.

비슷한 표현	꽃구경도 식후사. 나룻*이 석 자라도 먹어야 샌님.

* 나룻 : 성숙한 남자의 입 주변이나 턱 또는 뺨에 나는 털.

11月

5日

오늘의 사자성어

안분지족

: 편안한 마음으로 제 분수를 지키며 만족할 줄을 앎.

安	分	知	足
편안 안	나눌 분	알 지	발 족

우리 집은 친구들보다 부자가 아니에요.
친구들보다 작은 집에 살고, 친구들보다 작은 차를 타요.
그런데, 저는 우리 집이 참 좋고, 우리 가족이 최고예요.
제게 주어진 것들을 안분지족하며 살아가는 지금이 참 좋아요.

安 편안 안

활용어휘

- 안부 : 어떤 사람이 편안하게 잘 지내고 있는지 그렇지 아니한지에 대한 소식.
- 안도하다 : 사는 곳에서 평안히 지내다. 어떤 일이 잘 진행되어 마음을 놓다.

知 알 지

활용어휘

- 예지하다 : 어떤 일이 일어나기 전에 미리 알다.
- 몰지각 : 지각이 전혀 없음.

등잔* 밑이 어둡다

: 등불 가까이가 가장 밝을 것 같지만 등잔 그림자 때문에 그 아래가 가장 어두움.

대상에 가까이 있는 사람이 도리어 대상에 대하여 잘 알기 어렵다는 말.

비슷한 표현	업은 아이 삼 년 찾는다. 등하불명(燈下不明) : 등잔 밑이 어둡다.

* 등잔 : 기름을 담아 등불을 켜는 데에 쓰는 그릇.

11月

4日

오늘의 속담

돌다리도 두들겨보고 건너라

: 돌로 된 튼튼한 다리라도 위험한지 확인한 후에 건너야 함.

잘 아는 일이라도 세심하게 주의를 하라는 말.

비슷한 표현

식은 죽도 불어가며 먹어라.
아는 길도 물어 가랬다.
심사숙고(深思熟考) : 깊이 잘 생각함.

2月

26日

오늘의 사자성어

안하무인

: 눈 아래에 사람이 없다는 뜻으로,
방자하고 교만하여 다른 사람을 업신여김을 이르는 말.

眼	下	無	人
눈 안	아래 하	없을 무	사람 인

내 동생은 너무 안하무인입니다.
엄마께서 혼을 내셔도, 아빠께서 화를 내셔도 전혀 신경 쓰지 않고
자기 먹고 싶은 것만 먹고, 자기 하고 싶은 것만 하려고 해요.
이런 철부지 동생은 도대체 언제쯤 철이 들까요?

眼 눈 안

활용어휘

- 혜안 : 사물을 꿰뚫어 보는 지혜로운 눈.
- 안목 : 사물을 보고 분별하는 견식.

人 사람 인

활용어휘

- 인생 : 사람이 세상을 살아가는 일. 사람이 살아 있는 기간.
- 인격 : 사람으로서의 품격.

11月 3日 오늘의 속담

용의 꼬리보다 닭의 머리가 낫다

: 용의 꼬리가 되어 뒤에서 따라다니는 것보다 닭의 머리가 되어 앞장서서 다니는 것이 나음.

크고 훌륭한 사람의 그늘에 있기보다는 보잘것없어도 우두머리 노릇을 하는 편이 더 낫다는 말.

비슷한 표현

닭의 대가리가 쇠꼬리보다 낫다.
계구우후(鷄口牛後) : 닭의 부리가 될지언정 소의 꼬리는 되지 말라.

2月

오늘의 사자성어

27日

화룡점정

: 용을 그린 뒤 눈동자를 찍어 넣는다는 뜻으로,
일을 할 때 가장 중요한 부분을 완성함을 이르는 말.

畫	龍	點	睛
그림 화	용 룡(용)	점 점	눈동자 정

햄버거를 먹기로 했는데 엄마께서 콜라는 빼고 햄버거만 사 오신 거예요.
콜라는 살찌고 몸에 좋지 않다면서요.
하지만 햄버거를 먹다가 얼음 동동 띄운 콜라 한 모금 마시는 것이
바로 오늘 식사의 화룡점정 아닌가요? 아쉬워라. 쩝.

畫
그림 화

활용어휘

- 삽화 : 서적 · 신문 · 잡지 따위에서, 내용을 보충하거나 기사의 이해를 돕기 위하여 넣는 그림.
- 자화상 : 스스로 그린 자기의 초상화.

點
점 점

활용어휘

- 초점 : 사람들의 관심이나 주의가 집중되는 사물의 중심 부분.
- 거점 : 어떤 활동의 근거가 되는 중요한 지점.

11月

2日

오늘의 사자성어

백전불태

: 백 번 싸워도 위태롭지 않다는 뜻으로, 적군과 아군을 충분히 파악하고 싸우면 이길 수 있음을 이르는 말.

百	戰	不	殆
일백 백	싸움 전	아니 불(부)	위태할 태 거의 태

상대방을 알고 나를 알면 백 번 싸워 백 번 이긴다는 말을
한 번쯤 들어보았을 거예요.
이 말은 〈손자병법〉에 나오는 것으로, '지피지기 백전불태'라는 구절인데
주로 '백전백승'이라는 말로 많이들 사용 하지요.

百
일백 백

활용어휘

- 백성 : 나라의 근본을 이루는 일반 국민을 예스럽게 이르는 말.
- 백화점 : 여러 가지 상품을 부문별로 나누어 진열 · 판매하는 대규모의 현대식 종합 소매점.

殆
위태할 태
거의 태

활용어휘

- 위태하다 : 어떤 형세가 마음을 놓을 수 없을 만큼 위험하다.
- 태반 : 거의 절반.

2月

오늘의 사자성어

28日

조삼모사

: 원숭이에게 도토리를 아침엔 세 개, 저녁엔 네 개 준다는 뜻으로, 잔꾀로 상대방을 속임을 이르는 말.

朝	三	暮	四
아침 조	석 삼	저물 모	넉 사

아빠께서 세뱃돈 중 만 원만 빼고 나머지는 아빠께 맡기라고 하시네요.
맡기면 이자도 주시겠다고 하셨지만,
세뱃돈을 한 번도 돌려받은 적이 없는 저는 아빠의 조삼모사에 속지 않습니다.
아버지, 제 돈은 제가 보관할게요.

朝
아침 조

활용어휘

- 조조 : 이른 아침.
- 조회 : 학교나 관청 등에서 아침에 모든 구성원이 한자리에 모이는 일. 또는 그런 모임.

暮
저물 모

활용어휘

- 만모 : 해가 질 무렵. 나이가 들어 늙어가는 시기.
- 모경 : 저녁때의 경치.

11月

1日

오늘의 사자성어

조족지혈

: 새 발의 피라는 뜻으로, 매우 적은 분량을 비유적으로 이르는 말.

鳥	足	之	血
새 조	발 족	갈 지 어조사 지	피 혈

아빠께서 주식에 투자하셨는데 산 주식이 떨어지는 바람에 손해를 보셨어요. 그런데 삼촌께선 투자한 돈의 액수가 커서 손해를 어마어마하게 보셨나 봐요. 아빠의 손해는 조족지혈에 불과하다며 삼촌께선 지금 울기 직전이세요. 그러게, 그 큰돈을 한곳에 모두 투자하시면 어떡해요!

足 발 족

활용어휘

- 흡족 : 조금도 모자람이 없을 정도로 넉넉하여 만족함.
- 충족 : 일정한 분량에 차거나 채움.

血 피 혈

활용어휘

- 혈액 : 사람이나 동물의 몸 안의 혈관을 돌며 산소와 영양분을 공급하고, 노폐물을 운반하는 붉은색의 액체.
- 헌혈 : 수혈이 필요한 환자를 위하여 피를 뽑아줌.

3月

月	火	水	木	金	土	日

11月

月	火	水	木	金	土	日

3月

1日

오늘의 사자성어

풍전등화

: 바람 앞의 등불이라는 뜻으로, 사물이 매우 위태로운 처지에 놓여 있음을 비유적으로 이르는 말.

風	前	燈	火
바람 풍	앞 전	등 등	불 화

우리나라 역사에는 외세의 침입으로 어려움을 겪었던 시간이 참 많습니다.
나라를 잃을 수도 있었던 풍전등화의 위기를 잘 이겨내고
끝내 꿋꿋이 지켜온 분들께 감사한 마음을 가져야겠어요.
그런 의미에서 3.1절인 오늘은 태극기를 꼭 게양할 거예요.

風 바람 풍

활용어휘

- 풍속 : 옛적부터 사회에서 행하여 온 모든 생활에 관한 습관.
- 소풍 : 휴식을 취하기 위해서 야외에 나갔다 오는 일.

火 불 화

활용어휘

- 화로 : 숯불을 담아놓는 그릇.
- 방화 : 일부러 불을 지름.

10月

31日

오늘의 사자성어

인자무적

: 어진 사람은 남에게 덕을 베풂으로써
모든 사람의 사랑을 받기에 세상에 적이 없음.

仁	者	無	敵
어질 인	사람 자	없을 무	대적할 적

남에게 항상 양보하고, 자기 것을 나누어주는 걸 즐겨 하는 친구가 있어요.
우리 반의 모든 아이가 그 친구를 좋아해요.
인자무적이라는 말이 맞는 것 같아요.
저는 지금껏 그 친구를 싫어하는 애들을 본 적이 없거든요.

仁
어질 인

활용어휘

- 인의예지(仁義禮智) : 유학에서, 사람이 마땅히 갖추어야 할 네 가지 성품. 곧 어질고, 의롭고, 예의 바르고, 지혜로움을 이른다.
- 인정 : 어진 마음씨.

敵
대적할 적

활용어휘

- 적개심 : 적과 싸우고자 하는 마음. 또는 적에 대하여 느끼는 분노와 증오.
- 적수 : 재주나 힘이 서로 비슷해서 상대가 되는 사람.

3月

2日

오늘의 사자성어

개과천선

: 지난날의 잘못이나 허물을 고쳐 올바르고 착하게 됨.

改	過	遷	善
고칠 개	지날 과	옮길 천	착할 선

드디어 새 학년이 시작되는 첫날!
사실 지금까지 늦잠 자다 지각했던 날도 있었고
친구들과 싸운 적도 있었지만, 새 학년이 시작되는 오늘부터는
개과천선하여 멋진 학생이 되어보겠습니다.

改
고칠 개

활용어휘

- 개선하다 : 잘못된 것이나 부족한 것, 나쁜 것 따위를 고쳐 더 좋게 만들다.
- 개혁 : 제도나 기구 따위를 새롭게 뜯어고침.

過
지날 과

활용어휘

- 과거 : 이미 지나간 때.
- 과정 : 일이 되어가는 경로.

10月

오늘의 사자성어

30日

후안무치

: 뻔뻔스러워 부끄러움이 없음.

厚	顔	無	恥
두터울 후	낯 안	없을 무	부끄러울 치

방귀를 무척 자주 뀌는 친구가 있어요.
한두 번은 실수려니 하겠는데 너무도 수시로 뀌어댑니다.
아무리 생리 현상이라지만 사람이 많은 장소에서도 태연하게 뿡뿡대는 친구를 보면
후안무치하다는 생각이 들어요.

厚
두터울 후

활용어휘

- 농후하다 : 맛, 빛깔, 성분 따위가 매우 짙다. 어떤 경향이나 기색 따위가 뚜렷하다.
- 후박 : 두꺼움과 얇음. 많고 넉넉함과 적고 모자람.

顔
낯 안

활용어휘

- 안색 : 얼굴에 나타나는 표정이나 빛깔.
- 동안 : 어린아이의 얼굴. 나이 든 사람이 지니고 있는 어린아이 같은 얼굴.

3月

3日

오늘의 속담

말이 씨가 된다

: 씨앗에서 식물이 자라나듯 말한 것이 현실로 이루어짐.

늘 말하던 것이 마침내 사실대로 되었을 때를 이르는 말.

비슷한 표현

설마가 사람 잡는다.
농가성진(弄假成眞) : 장난삼아 한 것이 진심으로 한 것같이 됨.

10月

29日

오늘의 사자성어

권모술수

: 목적 달성을 위하여 수단과 방법을 가리지 아니하는 온갖 모략이나 술책.

權	謀	術	數
저울추 권	꾀 모	재주 술	셈 수

자기가 짝사랑하는 친구에게 이미 사귀는 이성친구가 있을 때 권모술수를 써서라도 둘을 떼어놓는 사람이 있어요. 네 이성친구가 너 말고 다른 애를 더 좋아한다는 거짓말을 해서 둘이 다투게 하는 치사한 방법을 쓰는 거예요. 좀 무섭죠?

謀 꾀 모

활용어휘

- 도모 : 어떤 일을 이루기 위하여 대책과 방법을 세움.
- 음모 : 나쁜 목적으로 몰래 흉악한 일을 꾸밈. 또는 그런 꾀.

術 재주 술

활용어휘

- 기술 : 과학 이론을 실제로 적용하여 사물을 인간 생활에 유용하도록 가공하는 수단. 사물을 잘 다룰 수 있는 방법이나 능력.
- 예술 : 기예와 학술을 아울러 이르는 말. 특별한 재료, 기교, 양식 따위로 감상의 대상이 되는 아름다움을 표현하려는 인간의 활동 및 그 작품.

보기 좋은 떡이 먹기도 좋다

: 크기가 적당하여 보기 좋은 떡이 먹기에도 편하고 좋음.

모양새를 잘 꾸미는 것도 필요함을 비유적으로 이르는 말.

비슷한 표현

같은 값이면 다홍치마.
이왕이면 창덕궁.*

* 창덕궁 : 서울특별시 종로구 와룡동에 있는 궁궐. 조선 태종 5년(1405)에 건립된 것으로 역대 왕이 정치를 하고 늘 머물던 곳이며, 우리나라 보물인 돈화문 등이 있다.

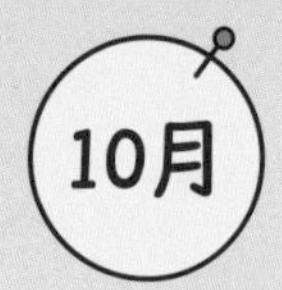

28日

오늘의 속담

제 버릇 개 줄까

: 자기의 버릇은 누구에게 줄 수 없듯이 쉽게 고치지 못함.

나쁜 버릇은 쉽게 고쳐지지 않는다는 말.

비슷한 표현

개 버릇 남 주나.
하우불이(下愚不移) : 아주 어리석고 못난 사람은 늘 그대로 있고 발전하지 못한다.

3月

5日

오늘의 사자성어

무위도식

: 하는 일 없이 놀고먹음.

無	爲	徒	食
없을 무	할 위	헛될 도 무리 도	먹을 식 밥 식

방학 때는 일어나고 싶을 때 일어나고,
먹고 싶을 때 먹으며 자유롭게 무위도식했었어요.
그러던 제가 새 학년이 되어 부지런한 학생이 되려니까
이것 참 보통 일이 아니군요.

徒
헛될 도
무리 도

활용어휘
- 도로무공(徒勞無功) : 헛되이 애만 쓰고 아무런 보람이 없음.
- 생도 : 군(軍)의 교육 기관, 특히 사관 학교의 학생.

食
먹을 식
밥 식

활용어휘
- 식대 : 음식을 청해 먹은 값으로 치르는 돈.
- 식겁 : 뜻밖에 놀라 겁을 먹음.

모로* 가도 서울만 가면 된다

: 바른길로 가지 않고 비껴서 가더라도 가고자 하는 곳을 가면 됨.

어떤 수단이나 방법으로라도 목적만 이루면 된다는 말.

비슷한 표현	모로 가나 기어가나 서울 남대문만 가면 그만이다. 흑묘백묘(黑猫白猫) : 검은 고양이든 흰 고양이든 쥐만 잘 잡으면 된다.

* 모로 : 비껴서. 또는 대각선으로. 옆쪽으로.

3月

오늘의 사자성어

6日

십시일반

: 밥 열 술이 한 그릇이 된다는 뜻으로, 여러 사람이 조금씩 힘을 합하면 한 사람을 돕기 쉬움을 이르는 말.

十	匙	一	飯
열 십	숟가락 시	한 일	밥 반

선생님께서 교실을 다 함께 깨끗이 정리한 후에 집에 가자고 하셨어요.
그런데 한 친구의 자리가 너무나 심각하게 지저분한 거예요.
그 친구 때문에 늦게 집에 가게 되겠구나 생각했는데
십시일반의 마음으로 함께 청소했더니 교실이 금새 깨끗해졌어요.

활용어휘

- 십중팔구 : 열 가운데 여덟이나 아홉 정도로 거의 대부분이거나 거의 틀림없음.
- 십분 : 아주 충분히.

飯
밥 반

활용어휘

- 반찬 : 밥에 곁들여 먹는 음식을 통틀어 이르는 말.
- 잔반 : 먹고 남은 밥. 먹고 남은 음식.

10月

26日

오늘의 사자성어

태연자약

: 마음에 어떠한 충동을 받아도 움직임이 없이 천연스러움.

泰	然	自	若
클 태	그럴 연	스스로 자	같을 약

친구들이 아무리 짓궂게 놀려도 화 한번 내지 않는 친구가 있어요.
어쩜 저렇게 항상 태연자약할 수 있을까요?
그 친구의 마음속을 한번 들여다보고 싶어요.
분명 저와는 엄청나게 다르게 생겼을 것 같네요.

泰
클 태

활용어휘

- 태연 : 마땅히 머뭇거리거나 두려워할 상황에서 태도나 기색이 아무렇지도 않은 듯이 예사로움.
- 태산 : 높고 큰 산.

然
그럴 연

활용어휘

- 우연 : 아무런 인과관계가 없이 뜻하지 아니하게 일어난 일.
- 돌연 : 예기치 못한 사이에 급히.

3月

오늘의 사자성어

7日

비몽사몽

: 완전히 잠이 들지도 잠에서 깨어나지도 않은 어렴풋한 상태.

非	夢	似	夢
아닐 비	꿈 몽	닮을 사	꿈 몽

아침에 너무 피곤해서 눈이 잘 안 떠지는 날,
눈을 반쯤 감은 채로 아침밥을 먹은 경험이 있죠?
내가 밥을 먹는 건지, 밥이 나를 먹는 건지 모를 정도로 잠이 깨지 않을 때,
비몽사몽이라는 표현이 딱 어울린답니다.

夢
꿈 몽

활용어휘

- 몽상 : 꿈속의 생각.
- 악몽 : 불길하고 무서운 꿈.

似
닮을 사

활용어휘

- 유사하다 : 서로 비슷하다.
- 흡사 : 거의 같을 정도로 비슷한 모양.

10月

25日

오늘의 사자성어

주마가편

: 달리는 말에 채찍질한다는 뜻으로,
잘하는 사람을 더욱 장려함을 이르는 말.

走	馬	加	鞭
달릴 주	말 마	더할 가	채찍 편

형이 공부하겠다고 선언한 후에 성적이 조금씩 오르고 있어요.
엄마께서는 주마가편이라며 더욱 박차를 가해야 한다셔요.
형이 지치지 않고 꾸준히 해내기를 진심으로 응원해요.
엄마의 한숨 소리는 들을 때마다 부담스럽거든요.

走
달릴 주

활용어휘

- 경주 : 사람, 동물, 차량 따위가 일정한 거리를 달려 빠르기를 겨루는 일. 또는 그런 경기.
- 독주 : 혼자서 뜀. 승부를 다투는 일에서 다른 경쟁 상대를 뒤로 떼어놓고 혼자서 앞서 나감.

加
더할 가

활용어휘

- 추가 : 나중에 더 보탬.
- 가담 : 같은 편이 되어 일을 함께 하거나 도움.

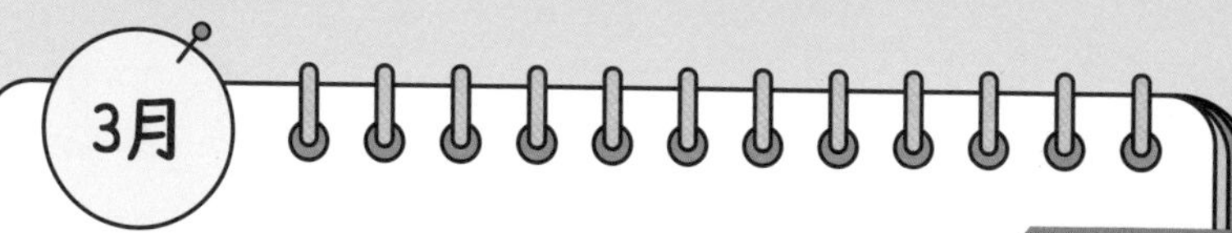

8日

오늘의 사자성어

인과응보

: 전생에 지은 선악에 따라 현재의 행과 불행이 있고, 현세의 선악의 결과에 따라 내세에서 행과 불행이 있는 일.

因	果	應	報
인할 인	실과 과	응할 응	갚을 보

다른 사람을 잘 돕고, 잘 칭찬하는 사람은 주변에 항상 친구가 많지요.
반면, 남을 놀리고 남의 잘못만 지적하는 사람은 주변에 친구들이 별로 없어요.
인과응보란 그런 것 아니겠습니까?
평소에 친구들을 돕고 착하게 살아야겠어요.

因 인할 인

활용어휘

- 원인 : 어떤 사물이나 상태를 변화시키거나 일으키게 하는 근본이 된 일이나 사건.
- 인연 : 사람들 사이에 맺어지는 관계.

果 실과 과

활용어휘

- 효과 : 어떤 목적을 지닌 행위에 의하여 드러나는 보람이나 좋은 결과.
- 성과 : 이루어낸 결실.

10月

24日

오늘의 사자성어

계란유골

: 달걀에도 뼈가 있다는 뜻으로, 운수가 나쁜 사람은 모처럼 좋은 기회를 만나도 역시 일이 잘 안됨을 이르는 말.

鷄	卵	有	骨
닭 계	알 란(난)	있을 유	뼈 골

오늘은 제가 1등으로 급식을 받는 날이에요.
그런데 오전부터 머리가 아프고 열이 나더니 결국 4교시에 조퇴를 하게 되었어요.
계란유골이라더니, 1등으로 밥 먹고 1등으로 운동장에 나가 놀려고 했는데,
이런 날 마침 점심을 먹지 못하다니, 속상한 하루입니다.

卵
알 란(난)

활용어휘

- 난황 : 알의 노른자위. 알의 세포질 안에 있는 영양물질로 단백질, 지질, 당류, 비타민, 무기 염류 등을 함유하고 있다.
- 난생 동물 : 알에서 깨어 나와 자라는 동물.

骨
뼈 골

활용어휘

- 골격 : 동물의 체형(體型)을 이루고 몸을 지탱하는 뼈.
- 골동품 : 오래되었거나 희귀한 옛 물품.

3月

오늘의 사자성어

9日

절세가인

: 세상에 견줄 만한 사람이 없을 정도로
뛰어나게 아름다운 여인.

絕	世	佳	人
끊을 절	대 세 인간 세	아름다울 가	사람 인

누나가 거울을 보며 화장을 하더니 절세가인이 따로 없다며 웃어요.
누나가 아무래도 절세가인의 뜻을 잘못 알고 있는 모양이에요.
누가 우리 누나에게 정확한 뜻을 알려주실 분 없나요?
누나의 뻔뻔함에 동생은 기가 찹니다.

絕
끊을 절

활용어휘

- 의절 : 맺었던 의를 끊음. 친구나 친척 사이의 정을 끊음.
- 절망 : 바라볼 것이 없게 되어 모든 희망을 끊어 버림. 또는 그런 상태.

佳
아름다울 가

활용어휘

- 가약 : 아름다운 약속. 사랑하는 사람과 만날 약속. 부부가 되자는 약속.
- 가경 : 한창 재미있는 판이나 고비. 경치가 좋은 곳.

10月

23日

오늘의 사자성어

상전벽해

: 뽕나무밭이 변하여 푸른 바다가 된다는 뜻으로, 세상일의 변천이 심함을 비유적으로 이르는 말.

桑	田	碧	海
뽕나무 상	밭 전	푸를 벽	바다 해

할머니와 함께 할머니의 고향으로 여행을 갔어요.
고향을 떠나오신 지 몇십 년이 지나셨대요. 살던 집이 사라진 것은 물론,
기억 속 모습을 하나도 찾아볼 수가 없다고 하셨어요.
할머니께선 상전벽해한 고향 마을의 모습에 무척 서운해하셨어요.

밭 전

활용어휘

- 전답 : 논과 밭을 아울러 이르는 말.
- 염전 : 소금을 만들기 위하여 바닷물을 끌어 들여 논처럼 만든 곳. 바닷물을 여기에 모아서 막아놓고, 햇볕에 증발시켜서 소금을 얻는다.

海

바다 해

활용어휘

- 해변 : 바닷물과 땅이 서로 닿은 곳이나 그 근처.
- 항해 : 배를 타고 바다 위를 다님.

3月 10日

오늘의 속담

발 없는 말이 천 리 간다

: 발이 있는 동물들만 멀리 가는 것이 아니라 우리가 하는 말이 오히려 천 리까지 멀리 퍼짐.

말을 삼가야 함을 비유적으로 이르는 말.

비슷한 표현	말 한마디에 천금이 오르내린다. 세 치 혀가 사람 잡는다.

10月

22日

오늘의 사자성어

유구무언

**: 입은 있어도 말은 없다는 뜻으로,
변명할 말이 없거나 변명을 못 함을 이르는 말.**

有	口	無	言
있을 유	입 구	없을 무	말씀 언

학원에 늦지 않기로 엄마와 약속했는데 친구와 놀다가 늦고 말았어요.
친구가 계속 더 놀자고 붙잡는 바람에 늦은 것이지만
안 늦겠다고 한 약속을 어긴 건 사실이니까 할 말이 없어요.
그래요, 저는 지금 유구무언이어야 마땅하겠죠.

有
있을 유

활용어휘

- 유한하다 : 수, 양, 공간, 시간 따위에 일정한 한도나 한계가 있다.
- 유력 : 세력이나 재산이 있음.

無
없을 무

활용어휘

- 무난하다 : 별로 어려움이 없다. 이렇다 할 단점이나 흠잡을 만한 것이 없다.
- 무엄 : 삼가거나 어려워함이 없이 아주 무례함.

우물 안 개구리

: 우물 안에 사는 개구리는 좁은 우물 속이 세상의 전부인 줄 앎.

사회의 형편을 모르는, 견문이 좁은 사람.

비슷한 표현

우물 안 개구리가 바다 넓은 줄 모른다.
정중지와(井中之蛙) : 우물 안 개구리.

내 코가 석 자*

: 내 콧물이 석 자나 흐를 정도인데 닦지 못하는 상태임.

내 사정이 급하고 어려워서 남을 돌볼 여유가 없음을 비유적으로 이르는 말.

비슷한 표현	오비삼척(吾鼻三尺) : 내 코가 석 자.

* 자 : 길이의 단위. 한 자는 한 치의 열 배로 약 30.3센티미터에 해당한다.

3月

12日

오늘의 사자성어

금상첨화

: 비단 위에 꽃을 더한다는 뜻으로, 좋은 일 위에 또 좋은 일이 더하여짐을 비유적으로 이르는 말.

錦	上	添	花
비단 금	윗 상	더할 첨	꽃 화

노래도 잘 부르고 춤도 잘 추어서 제가 정말 좋아하는 가수가 있어요. 게다가 키도 엄청나게 크고, 잘생기기까지 했어요. 이것이야말로 금상첨화가 아니겠습니까? 이 가수의 콘서트가 곧 열린다던데, 벌써 두근거려요!

添 더할 첨

활용어휘
- 첨가 : 이미 있는 것에 덧붙이거나 보탬.
- 첨부하다 : 안건이나 문서 따위를 덧붙이다.

花 꽃 화

활용어휘
- 생화 : 살아 있는 화초에서 꺾은 진짜 꽃.
- 개화 : 풀이나 나무의 꽃이 핌.

10月 20日

오늘의 속담

가재는 게 편

: 가재는 자기와 비슷하게 생긴 게 편을 듦.

모양이나 형편이 서로 비슷하고 인연이 있는 것끼리 서로 잘 어울리고, 사정을 보아주며 감싸주기 쉬움을 비유적으로 이르는 말.

비슷한 표현

초록은 동색이다[초록은 한 빛이라].
잔 잡은 팔이 안으로 굽는다.
유유상종(類類相從) : 같은 무리끼리 서로 사귐.

3月

13日

오늘의 사자성어

교학상장

: 가르치고 배우는 과정에서 스승과 제자가 함께 성장함.

敎	學	相	長
가르칠 교	배울 학	서로 상	길 장

새 학년이 되어 새로운 선생님을 만났어요.
선생님께서 교학상장하자고 말씀하셔요.
우리가 배우며 성장할 때 선생님께서도 가르치며 성장하고 싶으시대요.
와, 우리 선생님 참 멋지시죠?

敎
가르칠 교

활용어휘

- 교화 : 가르치고 이끌어서 좋은 방향으로 나아가게 함.
- 교양 : 학문, 지식, 사회생활을 바탕으로 이루어지는 품위. 또는 문화에 대한 폭넓은 지식.

長
길 장

활용어휘

- 장수 : 오래도록 삶.
- 연장 : 시간이나 거리 따위를 본래보다 길게 늘림.

19日

오늘의 사자성어

발본색원

: 좋지 않은 일의 근본 원인이 되는 요소를 완전히 없애버려서 다시는 그러한 일이 생길 수 없도록 함.

拔	本	塞	源
뽑을 발	근본 본	막힐 색 변방 새	근원 원

형이 또 비싼 샤프를 사 왔어요.
과소비가 너무 심하다며 엄마께서 석 달간 용돈을 주지 않으시겠대요.
과소비하는 나쁜 습관을 없애야 한다고 말이죠.
엄마의 이런 발본색원의 의지가 성공적으로 마무리되길.

本
근본 본

활용어휘

- 본성 : 사람이 본디부터 가진 성질.
- 기본 : 사물이나 현상, 이론, 시설 따위를 이루는 바탕.

源
근원 원

활용어휘

- 원천 : 물이 흘러나오는 근원. 사물의 근원.
- 자원 : 인간 생활 및 경제 생산에 이용되는 원료로서의 광물, 산림, 수산물 따위를 통틀어 이르는 말.

3月

14日

오늘의 사자성어

영구불변

: 오래도록 변하지 아니함.

永	久	不	變
길 영	오랠 구	아니 불(부)	변할 변

저랑 취미도 잘 맞고, 성격도 잘 맞고,
심지어는 개그 성향에 입맛까지도 잘 맞는 친구가 있어요.
이 친구랑은 평생 친한 사이로 지내고 싶어요.
우리의 이 단단한 우정이 영구불변하게 해달라고 소원을 빌어야겠어요.

永 길 영

활용어휘

- 영원 : 어떤 상태가 끝없이 이어짐. 또는 시간을 초월하여 변하지 아니함.
- 영구 : 어떤 상태가 시간상으로 무한히 이어짐.

久 오랠 구

활용어휘

- 유구하다 : 아득하게 오래다.
- 지구력 : 오랫동안 버티며 견디는 힘.

10月

18日

오늘의 사자성어

절차탁마

: 옥이나 돌 따위를 갈고 닦아서 빛을 낸다는 뜻으로,
부지런히 학문과 덕행을 닦음을 이르는 말.

切	磋	琢	磨
끊을 절	갈 차	다듬을 탁	갈 마

시험을 엉망으로 본 형이 이제는 정말 열심히 공부하기로 했대요.
이번에는 정말 단단히 결심했나 봐요. 매일매일 책상에 앉아 공부하고 있어요.
절차탁마하는 모습을 보고, 부모님께서 매우 흐뭇해하셔요.
형, 이제는 부지런히 학문에 힘을 좀 써보길 바랄게.

切
끊을 절

활용어휘

- 절박하다 : 어떤 일이나 때가 가까이 닥쳐서 몹시 급하다.
- 절단면 : 입체를 어느 평면에서 절단하였을 때에 생기는 면.

琢
다듬을 탁

활용어휘

- 조탁 : 보석과 같이 단단한 것을 새기거나 쪼는 것.
- 탁기 : 틀에 박아내어, 쪼아서 고르게 만든 그릇.

3月

15日

오늘의 사자성어

주경야독

: 낮에는 농사짓고 밤에는 글을 읽는다는 뜻으로, 어려운 여건 속에서도 꿋꿋이 공부함을 이르는 말.

晝	耕	夜	讀
낮 주	밭갈 경	밤 야	읽을 독

엄마께서 자격증을 따신다며 공부를 시작하셨어요.
낮에는 회사에 가서 열심히 일하고, 밤이 되어서야 공부를 하셔요.
주경야독하시는 엄마를 보며,
시간이 많이 남아도는데도 공부하지 않는 제 모습을 반성했어요.

耕
밭갈 경

활용어휘

- 경작 : 땅을 갈아서 농사를 지음.
- 경운기 : 논밭을 갈아 일구어 흙덩이를 부수는 기계.

讀
읽을 독

활용어휘

- 낭독 : 글을 소리 내어 읽음.
- 해독 : 잘 알 수 없는 글월이나 암호, 기호 따위를 읽어 풂.

10月

오늘의 사자성어

17日

견물생심

: 어떠한 물건을 보게 되면 그것을 가지고 싶은 욕심이 생김.

見	物	生	心
볼 견	물건 물	살 생 날 생	마음 심

사실, 최신형 스마트폰이 아니어도 사용하는 데에는 문제가 없어요. 전화도 잘되고, 문자도 잘되고, 게임하는 데에도 불편한 건 없잖아요? 그런데 친구의 최신 스마트폰을 보고 나서부터 '갖고 싶다'라는 생각이 저절로 드는 걸 보니, 견물생심이라는 말이 생각나요.

見 볼 견

활용어휘

- 견학 : 실지로 보고 그 일에 관한 구체적인 지식을 넓힘.
- 견해 : 어떤 사물이나 현상에 대한 자기의 의견이나 생각.

物 물건 물

활용어휘

- 물가 : 물건값. 상품의 시장 가격.
- 물체 : 구체적인 형태를 가지고 있는 것.

3月

16日

오늘의 사자성어

비일비재

: 같은 현상이나 일이 한두 번이나 한둘이 아니고 많음.

非	一	非	再
아닐 비	한 일	아닐 비	두 재

일찍 학교 간다고 나갔던 누나가 다시 집으로 왔어요. 핸드폰을 두고 나갔대요.
어떤 날은 물병을 두고 나갔다고 다시 들어오고,
어떤 날은 숙제를 놓고 갔다고 다시 들어오고.
뭘 깜빡하고 나가는 일이 비일비재하니까 다시 집에 안 오는 게 이상할 정도예요.

一
한 일

활용어휘

- 일색 : 한 가지의 빛깔. 뛰어난 미인. 어떤 한 가지로만 된 모양이나 상황.
- 일가 : 한집에 사는 가족. 학문, 기술, 예술 등 분야에서 이룬 독자적인 경지나 체계.

再
두 재

활용어휘

- 재연 : 연극이나 영화 따위를 다시 상연하거나 상영함. 한 번 하였던 행위나 일을 다시 되풀이함.
- 재회 : 다시 만남. 또는 두 번째로 만남. 두 번째의 모임.

10月

16日

오늘의 사자성어

일촉즉발

: 한 번 건드리기만 해도 폭발할 것같이 몹시 위급한 상태.

一	觸	卽	發
한 일	닿을 촉	곧 즉	필 발

집안 분위기가 싸늘합니다.
왜 화가 나셨는지는 잘 모르겠으나 엄마의 표정이 예사롭지 않으세요.
지금 혹시라도 누군가 작은 실수라도 하는 순간,
엄마께서 당장이라도 폭발하실 것 같은 일촉즉발의 분위기예요.

觸
닿을 촉

활용어휘

- 접촉 : 서로 맞닿음.
- 촉감 : 외부의 자극이 피부 감각을 통하여 전해지는 느낌.

卽
곧 즉

활용어휘

- 즉시 : 어떤 일이 행하여지는 바로 그때.
- 즉흥 : 그 자리에서 바로 일어나는 감흥. 또는 그런 기분.

호박이 넝쿨째로 굴러떨어졌다

: 호박이 줄기까지 이어진 채 굴러떨어짐.

뜻밖에 좋은 물건을 얻거나 좋은 일이 생김을 이르는 말.

비슷한 표현

선반에서 떨어진 떡.
시렁에서 호박 떨어졌다.
아닌 밤중에 찰시루떡.

10月

15日

오늘의 사자성어

아전인수

: 자기 논에 물 대기라는 뜻으로, 자기에게만 이롭게 되도록 생각하거나 행동함을 이르는 말.

我	田	引	水
나 아	밭 전	끌 인	물 수

급식을 받을 때 갑자기 뛰어와 새치기하듯 앞자리에 줄을 서는 친구가 있어요.
그 친구는 청소할 때 자기 자리의 쓰레기를 옆자리로 슬쩍 밀어버리기도 해요.
얌체처럼 계속 그런 식으로 아전인수한다면
친했던 친구들이 싫어할 거라고 톡 쏘아붙이고 싶은 걸 참았어요.

我 나 아

활용어휘

- 자아 : 자기 자신에 대한 의식이나 관념.
- 아집 : 자기중심의 좁은 생각에 집착하여 다른 사람의 의견이나 입장을 고려하지 아니하고 자기만을 내세우는 것.

引 끌 인

활용어휘

- 인도 : 이끌어 가르침. 길을 안내함.
- 인상 : 물건값, 봉급, 요금 따위를 올림.

개밥에 도토리

: 개는 도토리를 먹지 않기 때문에 밥 속에 있어도 남김.

따돌림을 받아서 여럿의 축에 끼지 못하는 사람을
비유적으로 이르는 말.

비슷한 표현

물 위의 기름.
구반상실(狗飯橡實) : 개밥에 도토리.

까마귀 날자 배 떨어진다

배가 떨어지는데 때마침 나뭇가지에 있던 까마귀가 날아올라 까마귀가 배를 쪼아 떨어뜨린 것으로 생각함.

아무 관계없는 일이 공교롭게도 동시에 일어나 의심을 받게 됨을 비유적으로 이르는 말.

비슷한 표현	오비이락(烏飛梨落) : 까마귀 날자 배 떨어진다.

3月

19日

오늘의 사자성어

소탐대실

: 작은 것을 탐하다가 큰 것을 잃음.

小	貪	大	失
작을 소	탐낼 탐	클 대	잃을 실

가족 외식을 하러 나갔다가 주차 요금이 너무 비싸 근처 길가에 주차했는데,
식사를 다 하고 나오니 주차위반 딱지가 떡하니 붙어 있어요.
몇천 원 아끼려다 몇만 원의 벌금을 내게 생겼네요.
소탐대실한 상황에 아빠께서는 울상이 되셨어요.

貪
탐낼 탐

활용어휘

- 탐욕 : 지나치게 탐하는 욕심.
- 식탐 : 음식을 탐냄.

失
잃을 실

활용어휘

- 분실 : 자기도 모르는 사이에 물건 따위를 잃어버림.
- 과실 : 조심을 하지 않거나 부주의로 저지른 잘못이나 실수.

10月 13日

오늘의 속담

빈대* 잡으려고 초가삼간 태운다

: 빈대를 없애기 위해 불을 질러서 집까지 다 태움.

손해를 크게 볼 것은 생각하지 않고 당장의 마땅치 아니한 것을 없애려고 그저 덤비기만 하는 경우를 비유적으로 이르는 말.

비슷한 표현	빈대 미워 집에 불 놓는다. 쥐 잡으려다가 쌀독 깬다. 소탐대실(小貪大失) : 작은 것을 탐하다가 큰 것을 잃음.

* 빈대 : 빈댓과의 곤충. 주로 밤에 활동하여 사람의 피를 빨아 먹는다.

3月

20日

오늘의 사자성어

배은망덕

: 남에게 입은 은덕을 저버리고 배신하는 태도.

背	恩	忘	德
등 배	은혜 혜	잊을 망	덕 덕 클 덕

정성과 사랑으로 키운 햄스터에게 손가락을 콱 물렸어요.
용돈 아껴서 맛있는 먹이 사주고, 매일 관심으로 보살폈는데…….
이 배은망덕한 녀석을 어떻게 하면 좋을까요?
반성하라고 한다고 알아들을 것 같지도 않고, 참.

背
등 배

활용어휘

• 배경 : 뒤쪽의 경치. 사건이나 환경, 인물 따위를 둘러싼 주위의 정경.
• 위배 : 법률, 명령, 약속 따위를 지키지 않고 어김.

德
덕 덕
클 덕

활용어휘

• 덕담 : 잘되라고 비는 말. 주로 새해에 많이 나누는 말이다.
• 음덕 : 조상의 덕. 의지할 만한 대상의 보호나 혜택.

10月

12日

오늘의 사자성어

전인미답

: 이제까지 그 누구도 가보지 못함.

前	人	未	踏
앞 전	사람 인	아닐 미	밟을 답

사람은 누구나 전인미답의 삶을 살아가요.
자기의 미래를 먼저 가본 사람은 없으니까요.
그래서 누구도 완벽한 삶을 살 수는 없어요. 실수해도 괜찮아요.
우리도 이렇게 초등학생은 처음이니까.

未 아닐 미

활용어휘

- 미숙 : 일 따위에 익숙하지 못하여 서투름.
- 미진하다 : 아직 다하지 못하다.

踏 밟을 답

활용어휘

- 답사 : 현장에 가서 직접 보고 조사함.
- 답습 : 예로부터 해오던 방식이나 수법을 좇아 그대로 행함.

3月

21日

오늘의 사자성어

망연자실

: 멍하니 정신을 잃음.

茫	然	自	失
아득할 망	그럴 연	스스로 자	잃을 실

시험이 끝났는데요, 흑흑. 점수가 엉망이에요.
도대체 시험은 왜 보는 걸까요? 시험을 없앨 방법이 없을까요?
이 시험지를 들고 집에 돌아갈 생각을 하니
저도 모르게 한숨이 나오고 망연자실하게 되네요.

茫
아득할 망

활용어휘

- 망망대해 : 한없이 크고 넓은 바다.
- 망창하다 : 갑자기 큰일을 당하여 앞이 아득하다.

然
그럴 연

활용어휘

- 단연 : 확실히 단정할 만하게.
- 은연중 : 남이 모르는 가운데.

10月

11日

오늘의 사자성어

언중유골

: 말 속에 뼈가 있다는 뜻으로, 예사로운 말 속에 단단한 속뜻이 들어 있음을 이르는 말.

言	中	有	骨
말씀 언	가운데 중	있을 유	뼈 골

오랜만에 놀러 온 삼촌께서 엄마를 보시고서는
"누나, 요즘 사는 게 좀 편해졌나 봐?"하고 말하세요.
엄마께서는 요즘 살이 많이 찌시긴 했거든요.
언중유골인 걸 아시는지라 엄마께서 삼촌을 흘깃 째려보시네요.

中
가운데 중

활용어휘

- 중간 : 두 사물의 사이. 등급, 크기, 차례 따위의 가운데.
- 중추 : 사물의 중심이 되는 중요한 부분.

骨
뼈 골

활용어휘

- 골자 : 말이나 일의 내용에서 중심이 되는 줄기를 이루는 것.
- 골절 : 뼈가 부러짐.

3月

22日

오늘의 사자성어

탁상공론

: 현실성이 없는 허황한 이론이나 논의.

卓	上	空	論
높을 탁	윗 상	빌 공	논할 론(논)

좋은 학교를 만드는 방법에 대한 토의를 했어요.
학교에 워터파크를 만들자, 일주일에 사흘만 학교에 나오자 등등
실현 불가능한 이야기만 하고 있네요.
탁상공론으로 끝날 얘기는 그만하자, 친구들아.

卓
높을 탁

활용어휘

- 탁월하다 : 남보다 두드러지게 뛰어나다.
- 식탁 : 음식을 차려놓고 둘러앉아 먹게 만든 탁자.

空
빌 공

활용어휘

- 공간 : 아무것도 없는 빈 곳.
- 공허 : 아무것도 없이 텅 빔. 실속이 없이 헛됨.

10月

10日

오늘의 사자성어

호각지세

: 역량이 서로 비슷비슷한 위세.

互	角	之	勢
서로 호	뿔 각	갈 지 어조사 지	형세 세

학급 회장 선거를 하는데 두 명의 후보가 나왔어요.
두 명 모두 친구들 사이에서 신임이 두터워 누가 회장이 될지 모르겠어요.
호각지세의 상황이라 투표를 해봐야 결과를 알 수 있을 것 같네요.
제가 투표한 친구가 회장이 되면 정말 좋겠는데 말이죠.

互 서로 호

활용어휘

- 호환 : 서로 교환함.
- 상호 : 상대가 되는 이쪽과 저쪽 모두. 상대가 되는 이쪽과 저쪽이 함께.

角 뿔 각

활용어휘

- 각도 : 각의 크기. 생각의 방향이나 관점.
- 일각 : 한 귀퉁이. 한 개의 뿔.

3月

23日

오늘의 사자성어

단도직입

: 혼자서 칼 한 자루를 들고 적진으로 곧장 쳐들어간다는 뜻으로, 바로 요점이나 본문제를 중심적으로 말함을 이르는 말.

單	刀	直	入
홑 단	칼 도	곧을 직	들 입

어쩌죠? 두근두근, 좋아하는 친구가 생겼어요.
그런데 아무리 생각해도 그 친구도 저를 좋아하는 것 같은데,
또 어떨 때는 아닌 것도 같아서 너무 헷갈려요.
내일은 단도직입적으로 물어봐야겠어요.

單 홑 단

활용어휘

- 간단하다 : 단순하고 간략하다.
- 단독 : 단 한 사람. 단 하나.

入 들 입

활용어휘

- 입장 : 장내(場內)로 들어가는 것.
- 도입 : 기술, 방법, 물자 따위를 끌어 들임.

10月

오늘의 사자성어

9日

침소봉대

: 바늘처럼 작은 일을 몽둥이처럼 큰일로 과장해서 떠벌림.

針	小	棒	大
바늘 침	작을 소	몽둥이 봉	클 대

친구와의 약속에 5분 정도 늦었는데, 친구가 기다리느라 힘이 다 빠졌다느니,
배가 고파서 쓰러질 지경이라느니 하면서 작은 사건을 과장하며 말할 때,
침소봉대하지 말라고 얘기하고 싶어요.
친구야, 어제 영화 볼 때 네가 15분 늦은 거, 기억 안 나니?

針
바늘 침

활용어휘

- 나침반 : 동서남북 등의 방향을 알아내는 기구.
- 침엽수 : 소나무, 잣나무와 같이 잎이 바늘 모양으로 생긴 나무의 총칭.

棒
몽둥이 봉

활용어휘

- 지휘봉 : 지휘관이 쓰는 막대기. 지휘자가 지휘하는 데 쓰는 막대기.
- 면봉 : 끝에 솜을 말아 붙인 가느다란 막대.

3月 24日

오늘의 속담

낮말은 새가 듣고 밤말은 쥐가 듣는다

: 낮에 하는 말은 새가 듣고 밤에 하는 말은 쥐가 들음.

아무리 비밀히 한 말이라도 반드시 남의 귀에 들어가게 된다는 말.

비슷한 표현	벽에도 귀가 있다. 이속우원(耳屬于垣) : 담에도 귀가 달려 있다.

10月

8日

오늘의 사자성어

일파만파

: 하나의 물결이 만 개의 파도를 일으킨다는 뜻으로,
한 사건이 잇따라 많은 사건으로 번짐을 이르는 말.

一	波	萬	波
한 일	물결 파	일만 만	물결 파

학교폭력을 주제로 한 드라마가 사회적 이목을 집중시켰어요.
유명인들 중에도 학교폭력 가해자가 있다는 소문이 일파만파 확산되고
피해자들이 용기를 내 인터넷에 글을 올리는 일도 이어졌지요.
피해자에게 너무도 큰 상처가 되는 학교폭력, 더 이상 없었으면 좋겠어요.

波
물결 파

활용어휘

- 파급 : 어떠한 일의 여파나 영향이 차차 다른 데로 미침.
- 여파 : 큰 물결이 지나간 뒤에 일어나는 잔물결. 어떤 일이 끝난 뒤에 남아 미치는 영향.

萬
일만 만

활용어휘

- 만물 : 세상에 있는 모든 것.
- 만고 : 오랜 세월 동안.

3月

25日

오늘의 속담

서당 개 삼 년에 풍월*을 읊는다

: 서당에서 매일 글 읽는 소리를 들은 개가 그것을 따라 소리 냄.

어떤 분야에 대하여 지식과 경험이 전혀 없는 사람이라도 그 분야에 오래 있으면 얼마간의 지식과 경험을 갖게 됨을 비유적으로 이르는 말.

비슷한 표현

산 까마귀 염불한다.
당구풍월(堂狗風月) : 서당에서 기르는 개가 풍월을 읊는다.

---

* 풍월 : 얻어들은 짧은 지식.

10月 7日

오늘의 속담

구렁이 담 넘어가듯 한다

: 구렁이가 은근슬쩍 소리 없이 담을 넘어감.

일을 분명하고 깔끔하게 처리하지 않고 슬그머니 얼버무려 버림을 비유적으로 이르는 말.

비슷한 표현

메기 등에 뱀장어 넘어가듯.
유야무야(有耶無耶) : 있는 듯 없는 듯 흐지부지함.

3月

26日

오늘의 사자성어

유유자적

: 속세를 떠나 아무 속박 없이 조용하고 편안하게 삶.

悠	悠	自	適
멀 유	멀 유	스스로 자	맞을 적

아빠께서는 회사를 은퇴하게 되면 산속에 들어가서 살고 싶으시대요.
복잡한 도시를 떠나서 조용히 유유자적한 삶을 살고 싶으신 것 같아요.
물론 엄마께서는 절대로 따라가지 않겠다고 선언하셨죠.
그때가 되면 저는 아빠와 엄마 중 누구와 살아야 할까요?

悠
멀 유

활용어휘

- 유유히 : 움직임이 한가하고 여유가 있고 느리게. 아득하게 멀거나 오래.
- 유원하다 : 아득히 멀다.

適
맞을 적

활용어휘

- 적응 : 일정한 조건이나 환경 따위에 맞추어 응하거나 알맞게 됨.
- 적합하다 : 일이나 조건 등에 꼭 알맞다.

밑 빠진 독에 물 붓기

: 밑이 없는 항아리에 물을 부으니 물이 채워지지 않음.

아무리 애를 써도 보람이 없는 일을 비유적으로 이르는 말.
쓸 곳이 많아 아무리 돈을 벌어도 늘 부족함을 이르는 말.

비슷한 표현

터진 항아리에 물 붓기.
모래 위에 물 쏟는 격.

3月

오늘의 사자성어

27日

허심탄회

: 품은 생각을 터놓고 말할 만큼 아무 거리낌이 없고 솔직함.

虛	心	坦	懷
빌 허	마음 심	평탄할 탄	품을 회

친구가 저에게 뭔가 서운한 일이 있는 것 같아요.
저를 보고 말도 하지 않고 일부러 피하는 느낌이 들어요.
무엇 때문에 그러는 건지 허심탄회하게 이야기해 봐야겠어요.
아무 거리낌이 없고 솔직한 태도로 말이죠.

坦
평탄할 탄

활용어휘
- 순탄하다 : 성질이 까다롭지 않다. 길이 험하지 않고 평탄하다.
- 평탄 : 바닥이 평평함. 마음이 편하고 고요함.

懷
품을 회

활용어휘
- 감회 : 지난 일을 돌이켜 볼 때 느껴지는 회포.
- 회포 : 마음속에 품은 생각이나 정(情).

10月

5日

오늘의 사자성어

공명정대

: 하는 일이나 태도가 사사로움이나 그릇됨이 없이
아주 정당하고 떳떳함.

公	明	正	大
공평할 공	밝을 명	바를 정	큰 대

짝꿍의 잘못으로 다투게 되었는데 반장이 오더니 제 편을 들어줬어요.
사실 반장은 제 짝꿍이랑 무척 친한 사이라서,
짝꿍의 편을 들 거라 예상했기 때문에 깜짝 놀랐어요.
공명정대한 친구를 반장으로 잘 뽑은 것 같아요.

公
공평할 공

활용어휘

- 공정 : 공평하고 올바름.
- 공공연하다 : 숨김이나 거리낌이 없이 그대로 드러나 있다.

正
바를 정

활용어휘

- 정직 : 마음에 거짓이나 꾸밈이 없이 바르고 곧음.
- 정도 : 올바른 길. 또는 정당한 도리.

3月

28日

오늘의 사자성어

과유불급

: 정도를 지나침은 미치지 못함과 같다는 뜻으로, 중용(中庸)이 중요함을 이르는 말.

過	猶	不	及
지날 과	오히려 유	아닐 불(부)	미칠 급

오랜만에 제가 가장 좋아하는 뷔페에서 가족들과 외식을 했어요.
뷔페에서는 되도록 많이 먹어야 한다는 생각에
배가 불러도 계속 먹었더니 다음 날 배탈이 나버렸어요. 흑흑.
과유불급이라는 말이 배탈 난 제 배에 딱 맞는 표현이네요.

不
아닐 불(부)

활용어휘

- 불가피하다 : 피할 수 없다.
- 불평 : 마음에 들지 아니하여 못마땅하게 여김. 또는 못마땅한 것을 말이나 행동으로 드러냄.

及
미칠 급

활용어휘

- 보급 : 널리 펴서 많은 사람에게 골고루 미치게 하여 누리게 함.
- 급기야 : 마지막에 가서는.

10月

4日

오늘의 사자성어

이구동성

: 입은 다르나 목소리는 같다는 뜻으로, 여러 사람의 의견이 한결같음을 이르는 말.

異	口	同	聲
다를 이(리)	입 구	한가지 동	소리 성

선생님께서 자유 시간에 무엇을 하고 싶은지 물으셨어요.
시원한 교실에서 조용히 책을 읽을지, 더운 운동장에 나가서 놀이할지.
우리는 이구동성으로 외쳤지요.
"운동장에서 자유 시간 가져요!"

활용어휘

- 식구 : 한집에서 함께 살면서 끼니를 같이하는 사람.
- 항구 : 배가 안전하게 드나들도록 강가나 바닷가에 부두 따위를 설비한 곳.

聲

소리 성

활용어휘

- 명성 : 세상에 떨친 이름.
- 함성 : 여러 사람이 함께 외치거나 지르는 소리.

3月

오늘의 사자성어

29日

노심초사

: 몹시 마음을 쓰며 애를 태움.

勞	心	焦	思
애쓸 노(로) 일할 노(로)	마음 심	탈 초 태울 초	생각 사

저는 덜렁대는 성격 탓에 잘 넘어지고, 잘 다치는 편이에요.
그래서 부모님께서는 저 때문에 늘 노심초사하신대요.
부모님께서 걱정하지 않으시도록 좀 더 조심하며 행동해야겠어요.
하지만 이놈의 덜렁대는 성격은 참 고치기 힘들어요.

勞
애쓸 노(로)
일할 노(로)

활용어휘

- 위로 : 따뜻한 말이나 행동으로 괴로움을 덜어주거나 슬픔을 달래줌.
- 노동 : 몸을 움직여 일을 함.

心
마음 심

활용어휘

- 심정 : 마음속에 품고 있는 생각이나 감정.
- 수심 : 매우 근심함. 또는 그런 마음.

10月

3日

오늘의 사자성어

천인공노

: 하늘과 사람이 함께 노한다는 뜻으로, 누구나 분노할 만큼 증오스럽거나 도저히 용납할 수 없음을 이르는 말.

天	人	共	怒
하늘 천	사람 인	한가지 공	성낼 노(로)

개천절 휴일을 맞아 온 가족이 모여 한우 등심을 구워 먹고 있었어요.
마지막 한 점을 놓고 누가 먹을지 가위바위보를 하자고 이야기를 하는 찰나,
형이 날름 집어 먹어버렸어요.
천인공노한 짓을 하다니, 누나와 제 눈에서 분노의 레이저가 나왔습니다.

共
한가지 공

활용어휘

- 공유 : 두 사람 이상이 한 물건을 공동으로 소유함.
- 공존 : 두 가지 이상의 사물이나 현상이 함께 존재함.

怒
성낼 노(로)

활용어휘

- 질풍노도 : 몹시 빠르게 부는 바람과 무섭게 소용돌이치는 물결.
- 진노 : 성을 내며 노여워함. 또는 그런 감정.

3月

30日

오늘의 사자성어

주객전도

: 주인과 손님의 위치가 서로 뒤바뀐다는 뜻으로,
사물의 경중 · 선후 · 완급 따위가 서로 뒤바뀜을 이르는 말.

主	客	顚	倒
주인 주 임금 주	손 객	엎드러질 전	넘어질 도

제 생일이라 온 가족이 다 모여 생일파티를 하는데,
갑자기 동생이 학교에서 상을 받았다며 자랑을 시작해요.
분명 오늘은 제 생일인데 동생이 더 큰 축하를 받고 있어요.
주객전도된 이 상황, 제가 속상해할 만하죠?

主
주인 주
임금 주

활용어휘

- 주최 : 어떠한 행사나 모임을 주창하여 엶.
- 주관 : 자기대로의 생각. 개인적인 견해나 관점.

客
손 객

활용어휘

- 고객 : 상점 따위에 물건을 사러 오는 손님.
- 상춘객 : 봄의 경치를 즐기러 나온 사람.

10月

오늘의 사자성어

2日

입신양명

: 출세하여 이름을 세상에 떨침.

立	身	揚	名
설 입(립)	몸 신	날릴 양	이름 명

아빠의 어릴 적 꿈은 대통령이었대요.
이제 와 그 꿈을 이루기엔 좀 늦은 감이 있지요.
아빠 대신 제가 입신양명하여 그 꿈을 이루어 드리겠습니다.
그러려면 일단 공부를 좀 더 열심히 해야겠네요.

立
설 입(립)

활용어휘

- 입장 : 당면하고 있는 상황.
- 대립 : 의견이나 처지, 속성 따위가 서로 반대되거나 모순됨. 또는 그런 관계.

揚
날릴 양

활용어휘

- 지양 : 더 높은 단계로 오르기 위하여 어떠한 것을 하지 아니함.
- 부양 : 가라앉은 것이 떠오름. 또는 가라앉은 것을 떠오르게 함.

3月

31日

오늘의 속담

그 나물에 그 밥

: 옛날 사람들의 밥상은 주로 나물 반찬에 밥으로 차려짐.

서로 격이 어울리는 것끼리 짝이 되었을 경우,
또는 서로 수준이 비슷하여 별다르지 않거나 기대 이하인 경우를 이르는 말.

비슷한 표현	오십보백보(五十步百步) : 오십 보 도망간 것이나 백 보 도망간 것이나 같다.

10月

오늘의 사자성어

1日

형설지공

: 반딧불과 흰 눈에 기대 공부하려 이룬 공이라는 뜻으로, 고생하면서 부지런하고 꾸준하게 공부하는 자세를 이르는 말.

螢	雪	之	功
반딧불이 형	눈 설	갈 지 어조사 지	공 공

하기로 한 숙제는 하지 않고 뽀로로처럼 '노는 게 젤 좋아'라고 노래 부르며 게으름 부리다가 엄마께 꾸중을 들었어요. 어려운 환경 속에서도 열심히 공부하는 친구들도 많은데 형설지공은 하지 못할망정 숙제라도 제대로 하라셔요.

雪 눈 설

활용어휘

- 대설 : 아주 많이 오는 눈.
- 설욕 : 부끄러움을 씻음.

功 공 공

활용어휘

- 공적 : 노력과 수고를 들여 이루어낸 일의 결과.
- 공로 : 일을 마치거나 목적을 이루는 데 들인 노력과 수고.

4月

月	火	水	木	金	土	日

10月

月	火	水	木	金	土	日

첫술에 배부르랴

: 처음 한 숟가락을 떠먹고 배가 부를 수 없음.

어떤 일이든지 단번에 만족할 수는 없다는 말.

비슷한 표현

천 리 길도 한 걸음부터.
한술 밥에 배부르랴.

닭 쫓던 개 지붕 쳐다보듯

: 개에게 쫓기던 닭이 높은 지붕으로 도망가면 개는 쫓아가지 못하고 지붕만 쳐다봄.

애써 하던 일이 실패로 돌아가거나 남보다 뒤떨어져 어찌할 도리가 없이 됨을 비유적으로 이르는 말.

비슷한 표현

닭 쫓던 개 울타리 넘겨다보듯.
닭 쫓던 개 먼 산 쳐다보듯.
축계망리(逐鷄望籬) : 닭 쫓던 개 지붕 쳐다본다.

4月

2日

오늘의 사자성어

일장춘몽

: 한바탕의 봄꿈이라는 뜻으로,
헛된 영화나 덧없는 일을 비유적으로 이르는 말.

一	場	春	夢
한 일	마당 장	봄 춘	꿈 몽

아빠께서 로또 복권을 사오셨어요.
1등에 당첨이 되면 엄청 넓은 새집으로 이사를 하고,
엄마께는 자동차를, 저에게는 최신형 스마트폰과 노트북을 사주신대요.
상상만 해도 즐거운데, 혹시나 일장춘몽이 되지 않을까 걱정되기도 해요.

場
마당 장

활용어휘

- 시장 : 여러 가지 상품을 사고파는 일정한 장소.
- 임장 : 어떤 일이나 문제가 일어난 현장에 나옴.

春
봄 춘

활용어휘

- 입춘 : 24절기의 첫째 절기로, 봄이 시작된다는 뜻.
- 청춘 : 새싹이 파랗게 돋아나는 봄철이라는 뜻으로, 십 대 후반에서 이십 대에 걸치는 인생의 젊은 나이. 또는 그런 시절을 이르는 말.

9月 29日

오늘의 속담

핑계 없는 무덤이 없다

: 무덤마다 그 이유가 있듯 모든 사건 사고에는 이유가 있음.

아무리 큰 잘못을 저지른 사람도 그것을 변명하고 이유를 붙일 수 있다는 말.

비슷한 표현	도둑질을 하다 들켜도 변명을 한다.

4月

3日

오늘의 사자성어

전대미문

: 이제까지 들어본 적이 없음.

前	代	未	聞
앞 전	대신할 대 시대 대	아닐 미	들을 문

우리 학교 축구부가 전국 초등학교 축구 대회에서 우승했대요.
지금까지 본선에 올라가 본 적도 없었는데 우승이라니.
전대미문의 결과에 선생님들도, 학생들도 모두 놀랐어요.
축구부 친구들이 돌아오면 크게 축하해 줘야겠어요.

代
대신할 대
시대 대

활용어휘

- 대신 : 어떤 대상의 자리나 구실을 바꾸어서 새로 맡음. 또는 그렇게 맡은 대상.
- 시대 : 역사적으로 어떤 표준에 의하여 구분한 일정한 기간.

未
아닐 미

활용어휘

- 미흡 : 아직 흡족하지 못하거나 만족스럽지 않음.
- 미련 : 깨끗이 잊지 못하고 끌리는 데가 남아 있는 마음.

9月

28日

오늘의 사자성어

순망치한

: 입술이 없으면 이가 시리다는 뜻으로, 한쪽이 사라지면 다른 쪽도 안전을 확보하기 어려운 관계를 이르는 말.

脣	亡	齒	寒
입술 순	망할 망	이 치	찰 한

아빠께서 엄마 몰래 비상금을 숨겨두시는 곳이 있어요.
엄마께는 비밀로 하는 조건으로 아빠께 용돈을 받기로 했지요.
그런데 엄마께서 비상금을 찾아내시고 말았어요. 그걸로 제 용돈도 물 건너갔네요.
순망치한의 슬픈 상황이 되었습니다.

齒 이 치

활용어휘

- 치아 : '이'를 점잖게 이르는 말.
- 치통 : 이앓이. 이가 쑤시거나 몹시 아픈 증상.

寒 찰 한

활용어휘

- 한파 : 겨울철에 기온이 갑자기 내려가는 현상. 한랭 기단이 위도가 낮은 지방으로 이동하면서 생긴다.
- 한심하다 : 정도에 너무 지나치거나 모자라서 딱하거나 기막히다.

4月

4日

오늘의 사자성어

태평성대

: 어진 임금이 잘 다스리어 태평한 세상이나 시대.

太	平	聖	代
클 태	평평할 평	성인 성	대신할 대 시대 대

학기 초에는 친구들 간에 다툼이 무척 많았어요.
선생님께서 늘 서로 이해하고 양보하자고 말씀하셨지요.
몇 달이 지난 지금, 우리 반 교실은 태평성대예요.
서로를 이해하고 양보하는 것이 이토록 멋진 결과를 낳을 줄이야.

太 클 태

활용어휘

- 태평 : 나라가 안정되어 아무 걱정 없고 평안함. 마음에 아무 근심 걱정이 없음.
- 태초 : 하늘과 땅이 생겨난 맨 처음.

平 평평할 평

활용어휘

- 평화 : 평온하고 화목함. 전쟁, 분쟁 또는 일체의 갈등이 없이 평온함. 또는 그런 상태.
- 평온 : 조용하고 평안함.

9月

27日

오늘의 사자성어

일거양득

: 한 가지 일을 하여 두 가지 이익을 얻음.

一	擧	兩	得
한 일	들 거	두 양(량)	얻을 득

오랜만에 방 대청소를 했어요.
구석구석 청소하다 보니 책상 밑에서 오만 원을 찾아냈어요.
방도 깨끗해지고 잃어버렸던 돈도 찾고, 일거양득이네요.
앞으로는 대청소를 자주 해야겠어요.

擧
들 거

활용어휘

- 천거 : 인재를 어떤 자리에 추천하는 일.
- 쾌거 : 통쾌하고 장한 행위.

得
얻을 득

활용어휘

- 습득 : 학문이나 기술 따위를 배워서 자기 것으로 함.
- 납득 : 다른 사람의 말이나 행동, 형편 따위를 잘 알아서 긍정하고 이해함.

4月

5日

오늘의 사자성어

인산인해

**: 사람이 산을 이루고 바다를 이루었다는 뜻으로,
사람이 수없이 많이 모인 상태를 이르는 말.**

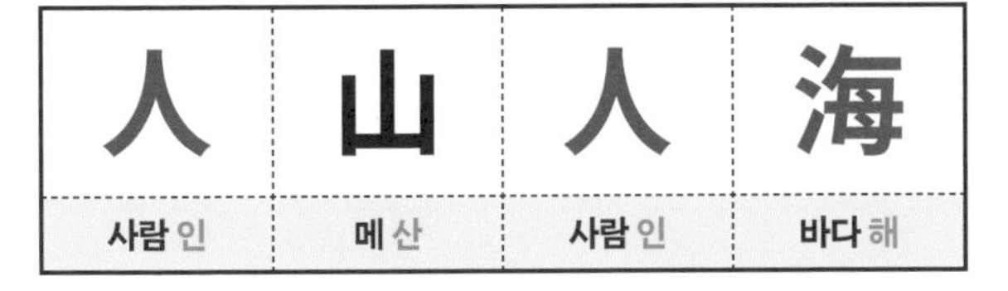

人	山	人	海
사람 인	메 산	사람 인	바다 해

벚꽃 축제에 왔는데 벚꽃보다 사람이 더 많은 것 같아요.
사람이 너무 많으니 걷기도 힘들 정도예요.
인산인해란 이런 모습을 두고 하는 말이겠지요.
내년엔 집 앞에 있는 벚꽃 나무나 구경해야겠어요.

人
사람 인

활용어휘

- 의인화 : 사람이 아닌 것을 사람처럼 표현함.
- 인심 : 사람의 마음. 남의 딱한 처지를 헤아려 알아주고 도와주는 마음.

海
바다 해

활용어휘

- 해양 : 넓고 큰 바다. 태평양 · 대서양 · 인도양 따위를 통틀어 이르는 말이다.
- 해일 : 해저의 지각 변동이나 해상의 기상 변화에 의하여 갑자기 바닷물이 크게 일어서 육지로 넘쳐 들어오는 것. 또는 그런 현상.

9月

26日

오늘의 사자성어

시종일관

: 일 따위를 처음부터 끝까지 한결같이 함.

始	終	一	貫
비로소 시	마칠 종	한 일	꿸 관

제 짝궁은 다음 수업 시간 준비를 참 착실히 잘해요.
교과서를 책상에 펴놓고, 연필과 지우개도 가지런히 놓아두고 나서야
자유로운 쉬는 시간을 보내지요.
매일매일 시종일관 성실한 모습, 정말 '엄지척'입니다.

始
비로소 시

활용어휘

- 시초 : 맨 처음.
- 개시 : 행동이나 일 따위를 시작함.

終
마칠 종

활용어휘

- 종일 : 아침부터 저녁까지의 동안. 아침부터 저녁까지 내내.
- 종결 : 일을 끝냄.

4月

6日

오늘의 사자성어

불가사의

: 사람의 생각으로는 미루어 헤아릴 수 없이 묘하고 이상함.

不	可	思	議
아닐 불(부)	옳을 가	생각 사	의논할 의

형에게 새 여자친구가 생겼는데요,
정말 예쁘고, 공부도 잘하고, 상냥하고, 친절하기까지 해요.
내 눈엔 별 볼 일 없는 형에게 이런 환상적인 여자친구가 생기다니,
아무리 생각해도 이건 정말 불가사의한 일이네요.

可
옳을 가

활용어휘

- 허가 : 행동이나 일을 하도록 허용함.
- 가능하다 : 할 수 있거나 될 수 있다.

議
의논할 의

활용어휘

- 이의 : 다른 의견이나 논의.
- 논의 : 어떤 문제에 대하여 서로 의견을 내어 토의함. 또는 그런 토의.

9月

25日

오늘의 사자성어

고육지책

: 자기 몸을 희생하는 계책이라는 뜻으로, 어려운 상태를 벗어나기 위해 어쩔 수 없이 꾸며내는 계책.

苦	肉	之	策
쓸 고	고기 육	갈 지 어조사 지	꾀 책

드라마에서 한 고등학생이 공부하기 싫어서 꾀병을 부리는 장면이 나왔어요.
선생님께서 믿어주시지 않자 화장실에서 눈을 엄청 비벼대더니
결국 눈동자를 빨갛게 만들어 버리더라고요.
학원 안 가려고 고육지책을 짜내고 있는 제 모습과 조금 닮았네요.

肉
고기 육

활용어휘

- 육식 : 음식으로 고기를 먹음. 또는 그런 식사. 동물이 다른 동물의 고기를 먹이로 하는 일.
- 육체 : 구체적인 물체로서 사람의 몸.

策
꾀 책

활용어휘

- 대책 : 어떤 일에 대처할 계획이나 수단.
- 책정 : 계획이나 방책을 세워 결정함.

티끌 모아 태산

: 눈에 보이지도 않는 먼지가 모여 큰 산이 됨.

아무리 작은 것이라도 모이고 모이면
나중에 큰 덩어리가 됨을 비유적으로 이르는 말.

비슷한 표현	모래알도 모으면 산이 된다. 적소성대(積小成大) : 작은 것이 쌓여 큰 것을 이룬다. 토적성산(土積成山) : 흙이 쌓여 산을 이룬다.

9月

24日

오늘의 사자성어

주마간산

: 말을 타고 달리며 산천을 구경한다는 뜻으로,
자세히 살피지 아니하고 대충대충 보고 지나감을 이르는 말.

走	馬	看	山
달릴 주	말 마	볼 간	메 산

받아쓰기 시험을 보았는데 너무 많이 틀렸어요.
주마간산식으로 훑어보기만 했더니 중요한 문장 부호나 맞춤법을 다 틀린 거예요.
공부할 때는 꼼꼼히 집중해서 해야 한다는 것을 새삼 느꼈답니다.
그래도 꼼꼼히 보는 건 너무 귀찮아!

走
달릴 주

활용어휘

- 질주 : 빨리 달림.
- 도주 : 피하거나 쫓기어 달아남.

看
볼 간

활용어휘

- 간과 : 큰 관심 없이 대강 보아 넘김.
- 간파 : 속내를 꿰뚫어 알아차림.

4月 8日 오늘의 속담

가는 날이 장날

: 어떤 일을 하려고 갔는데 뜻하지 않게 장이 서 있음.

일을 보러 가니 공교롭게* 장이 서는 날이라는 뜻으로,
어떤 일을 하려고 하는데 뜻하지 않은 일을 겪는 경우를 비유적으로 이르는 말.

비슷한 표현	오는 날이 장날. 가는 날이 생일.

* 공교롭다 : 생각지 않았거나 뜻하지 않았던 사실이나 사건과 우연히 마주치게 된 것이 기이하다고 할 만하다.

혹 떼러 갔다 혹 붙여 온다

: 혹부리 영감이 혹을 떼러 갔다가 혹을 붙여 옴.

자기의 부담을 덜려고 하다가 다른 일까지도 맡게 된 경우를 비유적으로 이르는 말.

비슷한 표현

교각살우(矯角殺牛) : 소의 뿔을 고치려다 소를 죽임. 작은 결점을 고치려다 오히려 큰 손해를 입음.

4月

오늘의 사자성어

9日

만신창이

: 온몸이 성한 곳 없이 상처투성이라는 뜻으로, 일이 아주 엉망이 됨을 비유적으로 이르는 말.

滿	身	瘡	痍
찰 만	몸 신	부스럼 창	상처 이

친구들과 축구 시합을 했는데 10 대 1로 졌어요.
게다가 시합 중에 넘어져서 무릎에 상처도 생겼고요.
축구 때문에 집에 늦게 왔다고 엄마께 혼이 나기도 했어요.
이래저래 만신창이가 된 하루예요.

滿
찰 만

활용어휘

- 만족 : 마음에 흡족함.
- 충만 : 한껏 차서 가득함.

身
몸 신

활용어휘

- 신체 : 사람의 몸.
- 헌신 : 몸과 마음을 바쳐 있는 힘을 다함.

9月 22日

오늘의 속담

염불* 에는 마음이 없고 잿밥* 에만 마음이 있다

: 절에 가서 부처님을 생각하는 것보다는 그 앞에 놓여 있는 밥에만 관심이 있음.

자기가 맡은 일에는 정성을 들이지 않고 잇속이 있는 데에만 마음을 두는 경우를 비유적으로 이르는 말.

비슷한 표현	제사보다 젯밥에 정신이 있다. 조상에는 정신 없고 팥죽에만 정신이 간다.

* 염불 : 부처의 모습과 공덕을 생각하면서 아미타불을 부르는 일.
* 잿밥 : 불공할 때 부처 앞에 놓는 밥.

4月

10日

오늘의 사자성어

대기만성

: 큰 그릇을 만드는 데에는 시간이 오래 걸린다는 뜻으로, 크게 될 사람은 늦게 이루어짐을 이르는 말.

大	器	晚	成
클 대	그릇 기	늦을 만	이룰 성

초등학교에 입학한 동생이 아직 한글을 잘 못 읽어요.
부모님께서 걱정하시니까 할머니께서 대기만성할 아이이니 믿고 기다리라고 하셔요.
아빠께서도 한글을 엄청 늦게 깨우치셨지만, 지금 훌륭한 사람이 되어 있다면서요.
동생이 크게 될 사람이라는 걸, 저도 믿어봐야겠어요.

器
그릇 기

활용어휘

- 도자기 : 도기(陶器), 자기(瓷器), 사기(沙器), 질그릇 따위를 통틀어 이르는 말.
- 악기 : 음악을 연주하는 데 쓰는 기구를 통틀어 이르는 말.

成
이룰 성

활용어휘

- 성공 : 목적하는 바를 이룸.
- 성장 : 사람이나 동식물 따위가 자라서 점점 커짐.

9月

21日

오늘의 사자성어

우후죽순

: 비가 온 뒤에 여기저기 솟는 죽순이라는 뜻으로,
어떤 일이 한때에 많이 생겨남을 비유적으로 이르는 말.

雨	後	竹	筍
비 우	뒤 후	대 죽	죽순 순

요즘 네 컷 사진을 찍는 곳이 우후죽순처럼 생기고 있더라고요.
길거리를 다니다 보면 쉽사리 찾을 수가 있지요.
누나는 친구와 만나기만 했다 하면 네 컷 사진을 찍고 와요.
아무리 봐도 그 얼굴이 그 얼굴인데 굳이 저렇게 자주 찍을 필요가 있나요?

雨
비 우

활용어휘

- 우기 : 일 년 중에 장마가 지거나 하여 비가 많이 오는 시기.
- 호우 : 줄기차게 내리는 크고 많은 비.

竹
대 죽

활용어휘

- 죽순 : 대의 땅속줄기에서 돋아나는 어린싹.
- 죽부인 : 대를 쪼갠 긴 조각을 길고 둥글게 얼기설기 엮어 만든 기구. 여름밤에 서늘한 기운이 돌게 하기 위하여 끼고 잔다.

4月

11日

오늘의 사자성어

오비이락

: 까마귀 날자 배 떨어진다는 뜻으로, 자신이 한 일이 다른 일과 우연히 겹쳐 오해를 사게 됨을 이르는 말.

烏	飛	梨	落
까마귀 오	날 비	배나무 이(리)	떨어질 락(낙)

동생의 장난감이 바닥에 떨어져 있길래 주워주려고 했어요.
그런데 동생이 갑자기 제가 장난감을 망가뜨렸다면서 화를 내요.
장난감은 이미 망가져 있었는데 주워주려던 제가 오히려 의심을 받게 되었어요.
오비이락 상황, 아 진짜 진짜 억울하다고요!

烏
까마귀 오

활용어휘

- 오합지졸 : 까마귀들이 모이는 것처럼 질서가 없이 모인 병졸 또는 군중.
- 오작교 : 까마귀와 까치가 은하수에 놓는다는 다리. 칠월 칠석날 저녁에, 견우와 직녀를 만나게 하기 위하여 이 다리를 놓는다고 한다.

飛
날 비

활용어휘

- 비행 : 공중으로 날아가거나 날아다님.
- 비상 : 높이 날아오름.

9月

20日

오늘의 사자성어

수불석권

: 손에서 책을 놓지 아니하고 늘 글을 읽음.

手	不	釋	卷
손 수	아니 불(부)	풀 석	책 권

아침에 등교하자마자 책을 읽는 친구가 있어요.
아니, 등굣길에도 책을 읽으면서 등교할 때도 있어요.
쉬는 시간은 물론, 점심시간에도 책만 보는 친구예요.
수불석권하는 모습이 경이로울 지경이랍니다.

釋 풀 석

활용어휘

- 석방 : 법에 의하여 구속하였던 사람을 풀어 자유롭게 하는 일.
- 주석 : 낱말이나 문장의 뜻을 쉽게 풀이함. 또는 그런 글.

卷 책 권

활용어휘

- 압권: 여러 책이나 작품 가운데 제일 잘된 책이나 작품. 고대 중국에서 과거 시험 1등 답안지를 다른 답안지 위에 놓았던 데서 유래한다.
- 전권 : 한 권의 책 전부. 여러 권으로 된 책의 전부.

4月

12日

오늘의 사자성어

목불식정

: 고무래를 보고도 '고무래 정(丁)'자를 모른다는 뜻으로,
글을 읽을 줄 모르는 무식한 사람을 이르는 말.

目	不	識	丁
눈 목	아니 불(부)	알 식	고무래 정

한글을 모르는 동생에게 자기 이름 쓰는 법을 알려주었어요.
며칠째 매일 저녁, 마주 앉아 한 글자씩 알려주고 있는데,
아직도 가족들 이름 중에서 자기 이름을 찾지 못하네요.
목불식정인 제 동생, 언제쯤 자기 이름을 쓸 수 있을까요?

識
알 식

활용어휘

- 상식 : 사람들이 보통 알고 있거나 알아야 하는 지식. 일반적 견문과 함께 이해력, 판단력, 사리 분별 따위가 포함된다.
- 식별하다 : 분별하여 알아보다.

丁
고무래 정

활용어휘

- 장정 : 나이가 젊고 기운이 좋은 남자.
- 백정 : 소나 개, 돼지 따위를 잡는 일을 직업으로 하는 사람.

9月

오늘의 사자성어

19日

금의환향

: 비단옷을 입고 고향에 돌아온다는 뜻으로, 출세하여 고향에 돌아가거나 돌아옴을 비유적으로 이르는 말.

錦	衣	還	鄕
비단 금	옷 의	돌아올 환	시골 향

올림픽에 나가서 좋은 성적을 거둔 우리나라 선수들이
인천 공항에 도착하여 환영받는 모습을 보았어요.
금의환향한 모습에 괜히 제 가슴이 뭉클해집니다.
진심을 가득 담아 박수를 보내요!

衣
옷 의

활용어휘

- 의복 : 몸을 싸서 가리거나 보호하기 위하여 피륙 따위로 만들어 입는 물건.
- 상의 : 위에 입는 옷.

還
돌아올 환

활용어휘

- 귀환 : 다른 곳으로 떠나 있던 사람이 본래 있던 곳으로 돌아오거나 돌아감.
- 반환점 : 경보나 마라톤 경기에서, 선수들이 돌아오는 점을 표시한 표지.

4月

13日

오늘의 사자성어

감개무량

: 마음속에서 느끼는 감동이나 느낌이 끝이 없음.

感	慨	無	量
느낄 감	슬퍼할 개	없을 무	헤아릴 량(양)

수학 시험을 늘 30점 맞다가 열심히 공부한 끝에 드디어 60점, 성공!
아빠께서는 이런 저를 보시며 감개무량하시다며 꽉 안아주셨어요.
60점짜리 시험지에 이렇게까지 크게 감동하실 줄이야.
다음번엔 70점에 도전해 봐야겠다! 아자아자 파이팅!

無
없을 무

활용어휘

- 무궁무진하다 : 끝이 없다.
- 무탈하다 : 병이나 사고가 없다. 까다롭거나 스스럼이 없다.

量
헤아릴 량(양)

활용어휘

- 측량 : 기기를 써서 물건의 높이, 깊이, 넓이, 방향 따위를 잼.
- 양감 : 손에 만질 수 있는 듯한 용적감이나 묵직한 물체의 중량감을 전해주는 상태.

9月

18日

오늘의 사자성어

부화뇌동

: 줏대 없이 남의 의견에 따라 움직임.

附	和	雷	同
붙을 부	화할 화	우레 뇌(뢰)	한가지 동

현장 체험학습으로 어디를 가면 좋을까 이야기를 나누고 있었어요.
놀이 공원으로 가고 싶다는 제 말에 짝꿍도 놀이 공원이 가고 싶대요.
옆에 있던 친구가 박물관이 더 좋겠다고 하자 또 냉큼 그 의견에 동의하네요.
제발 좀 부회뇌동하지 말라고 말하고 싶었어요.

附
붙을 부

활용어휘

- 부록 : 본문 끝에 덧붙이는 기록. 신문, 잡지 따위의 본지에 덧붙인 지면이나 따로 내는 책자.
- 부언 : 덧붙여 말함. 또는 그런 말.

雷
우레 뇌(뢰)

활용어휘

- 낙뢰 : 벼락이 떨어짐. 또는 그 벼락.
- 피뢰침 : 벼락의 피해를 막기 위하여 건물의 가장 높은 곳에 세우는, 끝이 뾰족한 금속제의 막대기.

남의 떡이 커보인다

: 내 손에 있는 떡보다 남의 손에 있는 떡이 더 커 보임.

물건은 남의 것이 제 것보다 더 좋아 보이고
일은 남의 일이 제 일보다 더 쉬워 보임을 비유적으로 이르는 말.

비슷한 표현	남의 짐이 가벼워 보인다. 남의 밥에 든 콩이 굵어 보인다.

9月

오늘의 사자성어

17日

양자택일

: 둘 중에서 하나를 고름.

兩	者	擇	一
두 양(량)	사람 자	가릴 택	한 일

제 생일을 맞아 부모님께서 장난감을 사주신대요.
갖고 싶은 장난감이 두 개인데 하나만 고르라고 하셔요.
두 개 모두 사주시면 좋을 텐데,
양자택일해야만 하는 순간은 항상 고민이 되네요.

兩
두 양(량)

활용어휘

- 양면 : 사물의 두 면. 또는 겉과 안. 표면으로 드러난 점과 드러나지 아니한 점.
- 양립 : 두 가지가 동시에 따로 성립함. 둘이 서로 굽힘 없이 맞섬.

擇
가릴 택

활용어휘

- 선택 : 여럿 가운데서 필요한 것을 골라 뽑음.
- 채택 : 작품, 의견, 제도 따위를 골라서 다루거나 뽑아 씀.

4月

15日

오늘의 속담

목마른 놈이 우물 판다

: 목이 마른 사람이 물이 나오는 우물을 팜.

일이 제일 급하고 필요한 사람이 그 일을 서둘러 하게 되어 있다는 말.

비슷한 표현	갑갑한 놈이 우물 판다. 갈이천정(渴而穿井) : 목이 말라야 비로소 샘을 판다.

9月 16日

오늘의 속담

꿈보다 해몽이 좋다

: 특별하지 않은 꿈이어도 풀이를 좋게 함.

하찮거나 언짢은 일을 그럴듯하게 돌려 생각하여 좋게 풀이함을 비유적으로 이르는 말.

비슷한 표현

꿈은 아무렇게[잘못] 꾸어도 해몽만 잘하여라.

4月

16日

오늘의 사자성어

좌불안석

: 앉아도 자리가 편안하지 않다는 뜻으로, 마음이 불안하여 가만히 앉아 있지 못하는 모양을 이르는 말.

坐	不	安	席
앉을 좌	아니 불(부)	편안 안	자리 석

동생이 어제 새로 산 가방을 잃어버리고 왔어요. 엄마 퇴근 시간이 다가오자 동생이 좌불안석하기 시작했어요. 엄마께서 오시면 동생은 엄청 크게 혼이 나겠죠? 동생의 좌불안석에 덩달아 저도 괜히 불안해졌어요.

坐 앉을 좌

활용어휘

- 좌시 : 참견하지 아니하고 앉아서 보기만 함.
- 좌초 : 배가 암초에 얹힘. 곤경에 빠짐을 비유적으로 이르는 말.

席 자리 석

활용어휘

- 좌석 : 앉을 수 있게 마련된 자리.
- 석권 : 돗자리를 만다는 뜻으로, 빠른 기세로 영토를 휩쓸거나 세력 범위를 넓힘을 이르는 말.

9月

15日

오늘의 속담

모난 돌이 정* 맞는다

: 뾰족뾰족한 돌은 둥그렇게 만들기 위해 정으로 다듬게 됨.

성격이 너그럽지 못하면 대인관계가 원만할 수 없음을 이르는 말.
너무 뛰어난 사람은 남에게 미움을 받기 쉬움을 이르는 말.

비슷한 표현

방석타정(方石打釘) : 모난 돌이 정 맞는다.
촉석봉정(矗石逢釘) : 모난 돌이 정 맞는다.

---

* 정 : 돌에 구멍을 뚫거나 돌을 쪼아서 다듬는, 쇠로 만든 연장. 원뿔형이나 사각형으로 끝이 뾰족하다.

4月

오늘의 사자성어

17日

유언비어

: 아무 근거 없이 널리 퍼진 소문.

流	言	蜚	語
흐를 유(류)	말씀 언	바퀴 비	말씀 어

제가 새로 전학 온 친구를 좋아한다고 소문이 퍼졌어요.
사실 전 그 친구 말고 다른 친구를 좋아하는데
어쩌다 그런 소문이 나게 됐는지 알쏭달쏭해요.
이런 근거 없는 유언비어를 퍼뜨린 게 누군지 꼭 밝혀내야겠어요.

流 흐를 유(류)

활용어휘

- 교류 : 근원이 다른 물줄기가 서로 섞이어 흐름. 또는 그런 줄기. 문화나 사상 따위가 서로 통함.
- 표류 : 물 위에 떠서 정처 없이 흘러감.

語 말씀 어

활용어휘

- 어색하다 : 대답하는 말 따위가 근거가 부족하다. 잘 모르거나 별로 만나고 싶지 않던 사람을 만나 자연스럽지 못하다.
- 반어 : 표현의 효과를 높이기 위하여 실제와 반대되는 뜻의 말을 하는 것.

9月

14日

오늘의 사자성어

갑론을박

: 여러 사람이 서로 자신의 주장을 내세우며 상대편의 주장을 반박함.

甲	論	乙	駁
갑옷 갑 십간의 첫째 갑	말할 론(논)	새 을 십간의 둘째 을	논박할 박

토론할 때는 서로 자신의 주장을 펼치며 갑론을박해야 흥미진진해요.
일방적으로 자신의 주장만 무조건 내세우기보다는
상대방의 주장을 먼저 듣고 이에 관해 반박하며
탁구 치듯 의견을 주고받는 것이 토론의 진짜 묘미죠.

論
말할 론(논)

활용어휘

- 논란 : 여럿이 서로 다른 주장을 내며 다툼.
- 논술 : 어떤 것에 관하여 의견을 논리적으로 서술함. 또는 그런 서술.

駁
논박할 박

활용어휘

- 반박하다 : 어떤 의견, 주장, 논설 따위에 반대하여 말하다.
- 면박 : 면전에서 꾸짖거나 나무람.

4月

18日

오늘의 사자성어

혼비백산

: 혼백이 어지러이 흩어진다는 뜻으로,
몹시 놀라 넋을 잃음을 이르는 말.

魂	飛	魄	散
넋 혼	날 비	넋 백	흩을 산

친구와 놀다가 늦은 시간에 집에 들어왔어요.
깜깜한 집에 불도 켜 있지 않고 아무도 없어서 조금 무서운 와중에
갑자기 누가 "야!" 하고 소리를 질러요. 너무 놀라 혼비백산하며 뒤로 넘어졌는데,
알고 보니 아빠셨어요. 겁 많은 어린이에게 이런 장난을 하시면 안 된다고요!

魂
넋 혼

활용어휘

- 영혼 : 죽은 사람의 넋. 육체에 깃들어 마음의 작용을 맡고 생명을 부여한다고 여겨지는 비물질적 실체.
- 투혼 : 끝까지 투쟁하려는 기백.

散
흩을 산

활용어휘

- 무산 : 안개가 걷히듯 흩어져 없어짐. 또는 그렇게 흐지부지 취소됨.
- 확산 : 흩어져 널리 퍼짐.

9月

13日

오늘의 사자성어

망양지탄

: 갈림길이 많아 잃어버린 양을 못 찾고 탄식한다는 뜻으로, 학문의 길이 많아 진리를 얻기 어려움을 이르는 말.

亡	羊	之	歎
망할 망	양 양	갈 지 어조사 지	탄식할 탄

시험이 코앞인데 쉬운 과목이 하나도 없어요.
수학은 항상 어렵고, 국어도 만만치가 않네요.
다른 나라 언어인 영어는 말해 무엇하나요? 휴우…….
망양지탄할 시간에 영어 단어 하나라도 더 외우라고요?

羊
양 양

활용어휘

- 양피지 : 양의 가죽을 표백하고 얇게 만들어 글씨를 쓰거나 그림을 그릴 수 있도록 만든 것.
- 희생양 : 다른 사람의 이익이나 어떤 목적을 위하여 목숨 등을 빼앗긴 사람을 비유적으로 표현한 말.

歎
탄식할 탄

활용어휘

- 한탄하다 : 원통하거나 뉘우치는 일이 있을 때 한숨을 쉬며 탄식하다.
- 감탄 : 마음속 깊이 느끼어 탄복함.

4月

19日

토사구팽

: 토끼가 죽으면 사냥개를 삶아 먹는다는 뜻으로,
쓸모가 없어지면 야박하게 버리는 경우를 이르는 말.

兎	死	狗	烹
토끼 토	죽을 사	개 구	삶을 팽

형이 아이스크림이 먹고 싶은데 숙제가 많다며 착한 동생이 사다 주면 고맙겠대요.
그랬는데, 사다 준 아이스크림을 먹고선 바로 친구들과 축구한다고 나가네요.
저도 축구 좀 끼워달라고 했더니 어린애는 빠지라고 하고요.
토사구팽당하는 이 억울한 심정을 누가 알까요.

兎
토끼 토

활용어휘

- 토피 : 토끼 가죽.
- 옥토 : 달 속에 산다는 전설상의 토끼. '달'을 달리 이르는 말.

死
죽을 사

활용어휘

- 사활 : 죽기와 살기라는 뜻으로, 어떤 중대한 문제를 비유적으로 이르는 말.
- 사경 : 죽을 지경. 또는 죽음에 임박한 경지.

9月

12日

오늘의 사자성어

금과옥조

: 금이나 옥처럼 귀중히 여겨 꼭 지켜야 할 법칙이나 규정.

金	科	玉	條
쇠 금 금 금	과목 과 법률 과	구슬 옥 옥 옥	가지 조

아침밥을 다 먹고 오느라 매일 5분씩 늦는 친구가 있어요.
아침을 간단히 먹고 제시간에 등교하면 안 되겠냐고 물으니
자기는 '아침밥을 잘 먹자'를 금과옥조로 삼고 있대요.
우리 반의 등교 시간을 금과옥조로 삼으면 좋을 텐데 말이죠.

金
쇠 금
금 금

활용어휘

- 금은보화 : 금, 은, 옥, 진주 따위의 매우 귀중한 물건.
- 저금 : 돈을 모아둠. 또는 그 돈. 금융 기관에 돈을 맡김.

科
과목 과
법률 과

활용어휘

- 과학 : 보편적인 진리나 법칙의 발견을 목적으로 한 체계적인 지식. 넓은 뜻으로는 학(學)을 이르고, 좁은 뜻으로는 자연 과학을 이른다.
- 과목 : 가르치거나 배워야 할 지식 및 경험의 체계를 세분하여 계통을 세운 영역.

4月

20日

오늘의 사자성어

천정부지

: 천장을 알지 못한다는 뜻으로, 물가 따위가 한없이 오르기만 함을 비유적으로 이르는 말.

天	井	不	知
하늘 천	우물 정	아닐 부(불)	알 지

마트에 장을 보러 갔던 엄마께서 한숨을 쉬셔요.
물가가 천정부지라 십만 원으로는 살 것도 없다면서요.
채소가 비싸고, 고기도 너무 비싸서 많이 살 수가 없대요.
고기를 못 먹는 건 절대 안 됩니다, 어머니!

天
하늘 천

활용어휘

- 천재 : 선천적으로 타고난, 남보다 훨씬 뛰어난 재주를 가진 사람.
- 승천 : 하늘에 오름.

知
알 지

활용어휘

- 지혜 : 사물의 이치를 빨리 깨닫고 사물을 정확하게 처리하는 정신적 능력.
- 무지 : 아는 것이 없음.

9月

11日

오늘의 사자성어

자승자박

: 자기 줄로 자기를 옭아 묶는다는 뜻으로, 자신의 말과 행동으로 자신이 곤란하게 됨을 비유적으로 이르는 말.

自	繩	自	縛
스스로 자	노끈 승	스스로 자	얽을 박

형이 또 몰래 게임하다 들켜서 아빠께 혼나고 있어요.
아빠께서 이렇게 무서운 분인 줄 몰랐다며 쩔쩔매네요.
모두 자승자박인 걸 이제 와 어쩌겠어요. 형, 이제 그만 좀 혼나자.

繩 노끈 승

활용어휘

- 포승줄 : 죄인을 잡아 묶는 노끈.
- 지승 : 종이를 비벼 꼬아서 만든 끈.

縛 얽을 박

활용어휘

- 속박 : 어떤 행위나 권리의 행사를 자유로이 하지 못하도록 강압적으로 얽어 매거나 제한함.
- 결박 : 몸이나 손 따위를 움직이지 못하도록 동이어 묶음.

4月

21日

똥 묻은 개가 겨* 묻은 개 나무란다

: 더러운 똥이 묻은 개가 곡식 껍질 묻은 개를 흉봄.

자기는 더 큰 결점이 있으면서 도리어 남의 작은 결점을 지적한다는 말.

비슷한 표현	가랑잎이 솔잎더러 바스락거린다고 한다. 숯이 검정 나무란다. 뒷간 기둥이 물방앗간 기둥을 더럽다 한다.

* 겨 : 벼, 보리, 조 따위의 곡식을 찧어 벗겨낸 껍질을 통틀어 이르는 말.

9月

10日

오늘의 사자성어

우공이산

: 어리석어 보이는 사람이 산을 옮긴다는 뜻으로,
우직하게 한 우물을 파는 사람이 성공함을 이르는 말.

愚	公	移	山
어리석을 우	공평할 공	옮길 이	메 산

친구가 열심히 공부는 하는데 성적이 잘 오르지 않는다며 속상해해요.
하지만 성적이라는 것이 한순간에 오르는 건 아니잖아요.
우공이산의 마음으로 꾸준히 노력하면 좋은 결과가 있을 거라고 말해주었어요.
그런데 끊임없이 노력하면 정말 산을 옮길 수 있나요? 와우!

愚
어리석을 우

활용어휘

- 우둔하다 : 어리석고 둔하다.
- 우매 : 어리석고 사리에 어두움.

移
옮길 이

활용어휘

- 전이 : 자리나 위치 따위를 다른 곳으로 옮김.
- 이식 : 식물 따위를 옮겨 심음. 살아 있는 조직이나 장기를 생체로부터 떼어 내어, 같은 개체의 다른 부분 또는 다른 개체에 옮겨 붙이는 일.

4月 22日

오늘의 속담

고기는 씹어야 맛이요 말은 해야 맛이라

: 고기를 맛있게 먹으려면 자꾸 씹어야 하듯이 하고 싶은 말이 있다면 하는 게 좋다는 뜻.

마땅히 할 말은 해야 한다는 말.

비슷한 표현	말 안 하면 귀신도 모른다.

9月 9日

오늘의 속담

열 번 찍어 아니 넘어가는 나무 없다

: 아무리 큰 나무라고 해도 계속 도끼로 찍는다면 넘어가지 않는 일이 없음.

아무리 뜻이 굳은 사람이라도 여러 번 권하거나 꾀고 달래면 결국은 마음이 변한다는 말.

비슷한 표현

작은 도끼도 연달아 치면 큰 나무를 눕힌다.
십벌지목(十伐之木) : 열 번 찍어 베는 나무.

4月

23日

오늘의 사자성어

감지덕지

: 분에 넘치는 듯싶어 매우 고맙게 여기는 모양.

感	之	德	之
느낄 감	갈 지 어조사 지	클 덕 덕 덕	갈 지 어조사 지

부모님의 은혜는 보답할 길 없이 넓고도 깊지요.
엄마, 아빠를 생각하면 늘 감사한 마음뿐이랍니다.
그런데 오늘은 제게 장난감까지 사주시다니, 이거 정말 감지덕지하군요.
엄마, 아빠! 사랑합니다. 히히히.

感
느낄 감

활용어휘

- 감동 : 크게 느끼어 마음이 움직임.
- 감격스럽다 : 마음에 깊이 느끼어 크게 감동이 되는 듯하다.

德
클 덕
덕 덕

활용어휘

- 후덕하다 : 덕이 후하다.
- 덕택 : 베풀어준 은혜나 도움.

9月 8日 오늘의 속담

벼는 익을수록 고개를 숙인다

: 벼이삭은 처음에는 꼿꼿하게 서 있지만 잘 여물어갈수록 그 무게 때문에 아래로 휘어짐.

교양이 있고 수양을 쌓은 사람일수록 더욱 겸손해짐을 비유적으로 이르는 말.

비슷한 표현	곡식 이삭은 익을수록 고개를 숙인다, 병에 찬 물은 저어도 소리가 나지 않는다.

4月

오늘의 사자성어

24日

동문서답

: 물음과는 전혀 상관없는 엉뚱한 대답.

東	問	西	答
동녘 동	물을 문	서녘 서	대답 답

다음 수업 시간이 뭐냐고 묻는 말에 급식 메뉴를 말해주는 친구가 있어요.
준비물은 없었냐는 물음에 오늘 급식이 맛있을 것 같다며 기대가 된대요.
와, 이렇게 동문서답하는 게 가능한 거군요?
그런데 이런 식의 동문서답, 묘하게 재미있어요.

問
물을 문

활용어휘

- 문제 : 해답을 요구하는 물음.
- 의문 : 의심스럽게 생각함. 또는 그런 문제나 사실.

答
대답 답

활용어휘

- 응답 : 부름이나 물음에 응하여 답함.
- 보답 : 남의 호의나 은혜를 갚음.

9月

7日

오늘의 사자성어

기사회생

: 거의 죽을 뻔하다가 도로 살아남.

起	死	回	生
일어날 기	죽을 사	돌아올 회	살 생 날 생

코로나 팬데믹으로 인해서 어려움을 겪었던 우리나라가
이제 조금씩 일상을 회복하고 있다는 기사를 봤어요.
하마터면 가게 문을 닫을 뻔했던 자영업자들도
기사회생하고 있다고 하니 정말 다행이네요.

起
일어날 기

활용어휘

- 기상 : 잠자리에서 일어남.
- 상기하다 : 지난 일을 돌이켜 생각하여 내다.

回
돌아올 회

활용어휘

- 회복 : 원래의 상태로 돌이키거나 원래의 상태를 되찾음.
- 회상하다 : 지난 일을 돌이켜 생각하다.

4月

오늘의 사자성어

25日

사면초가

: 아무에게도 도움을 받지 못하는,
외롭고 곤란한 지경에 빠진 형편을 이르는 말.

四	面	楚	歌
넉 사	낯 면	초나라 초	노래 가

모둠별 퀴즈 대결을 하는데 모둠 친구들이 생각하는 답과 제 답이 달랐어요.
확신이 있었던 저는 강하게 제 생각을 주장했어요.
아, 그런데 이런! 정답이 아니네요.
친구들이 모두 저를 쏘아봤고, 저는 사면초가에 몰렸어요.

面
낯 면

활용어휘

• 안면 : 눈, 코, 입이 있는 머리의 앞면. 서로 얼굴을 알 만한 친분.
• 면접 : 직접 만나서 인품(人品)이나 언행(言行) 따위를 평가하는 시험.

歌
노래 가

활용어휘

• 가무 : 노래와 춤. 노래하면서 춤을 춤.
• 가객 : 노래를 잘하는 사람. 노래를 짓거나 부르는 사람.

9月

6日

오늘의 사자성어

선공후사

: 공적인 일을 먼저 하고 사사로운 일은 뒤로 미룸.

先	公	後	私
먼저 선	공평할 공	뒤 후	사사 사

숙제를 하지 않아서 수업 시작 전에 해야 하는데,
모둠 활동도 아직 마무리하지 못했다면, 무엇부터 해야 할까요?
그럴 땐, 선공후사! 함께 해야 하는 모둠 활동 먼저 마무리하고,
저의 숙제를 나중에 하는 것으로!

後 뒤 후

활용어휘

- 후회 : 이전의 잘못을 깨치고 뉘우침.
- 최후 : 맨 마지막.

私 사사 사

활용어휘

- 사복 : 관복이나 제복이 아닌 사사로이 입는 옷.
- 사저 : 개인의 저택. 또는 고관(高官)이 사사로이 거주하는 주택을 관저에 상대하여 이르는 말.

4月

26日

오늘의 사자성어

비분강개

: 슬프고 분하여 마음이 북받침.

悲	憤	慷	慨
슬플 비	분할 분	강개할 강	슬퍼할 개

주말에 부모님과 천안에 있는 독립기념관을 방문했어요.
그곳에서 아빠의 설명을 들으려 전시물과 영상을 보다 보니,
비분강개해서 화도 나고 눈물도 나더라고요.
다시는 이런 일이 없도록 해야겠다는 다짐했어요.

悲
슬플 비

활용어휘

- 자비롭다 : 남을 깊이 사랑하고 가엾게 여기는 마음이 있는 듯하다.
- 비극 : 인생의 슬프고 애달픈 일을 당하여 불행한 경우를 이르는 말.

憤
분할 분

활용어휘

- 분노 : 분개하여 몹시 성을 냄. 또는 그렇게 내는 성.
- 울분 : 답답하고 분함. 또는 그런 마음.

9月

5日

오늘의 사자성어

오리무중

: 오 리나 되는 짙은 안개 속에 있다는 뜻으로,
어떤 일에 대하여 방향이나 갈피를 잡을 수 없음을 이르는 말.

五	里	霧	中
다섯 오	마을 리(이)	안개 무	가운데 중

탐정 소설을 읽다 보면 도대체 범인이 누구인지 알 수가 없어요.
이 사람이 범인이겠다 싶으면 다른 증거들이 나오고,
저 사람이다 싶으면 또 다른 실마리들이 나타나죠.
오리무중 속에서 범인을 찾아내는 재미가 쏠쏠하답니다.

五
다섯 오

활용어휘

- 삼삼오오 : 서너 사람 또는 대여섯 사람이 떼를 지어 다니거나 어떤 일을 함. 또는 그런 모양.
- 오곡 : 다섯 가지 중요한 곡식. 쌀, 보리, 콩, 조, 기장을 이른다.

霧
안개 무

활용어휘

- 분무 : 물이나 약품 따위를 안개처럼 뿜어냄. 또는 그 물이나 약품 따위.
- 연무 : 연기와 안개를 아울러 이르는 말.

4月

오늘의 사자성어

27日

우왕좌왕

: 이리저리 왔다 갔다 하며
일이나 나아가는 방향을 종잡지 못함.

右	往	左	往
오른쪽 우	갈 왕	왼쪽 좌	갈 왕

선생님께서 모둠별로 주제를 정하여 설문조사 활동을 하라고 하셔요.
다른 모둠은 우리 반 친구들이 좋아하는 '계절', '음식', '과목' 등등
차분하게 주제를 정해서 설문조사를 하러 다니는데,
우리 모둠은 주제도 못 정한 채 우왕좌왕하고 있어요.

右
오른쪽 우

활용어휘

- 우익 : 새나 비행기 따위의 오른쪽 날개. 보수적이거나 국수적인 정치 경향. 또는 그런 단체.
- 우회전 : 차 따위가 오른쪽으로 돎.

往
갈 왕

활용어휘

- 왕래하다 : 가고 오고 하다. 서로 교제하여 사귀다.
- 왕복 : 갔다가 돌아옴.

9月

오늘의 사자성어

4日

절치부심

: 몹시 분하여 이를 갈며 속을 썩임.

切	齒	腐	心
끊을 절	이 치	썩을 부	마음 심

동생이 몹시 화가 나서 집에 왔어요.
동생이 공을 너무 못 찬다며 친구들이 축구에 끼워주지 않았대요.
절치부심하는 동생을 위로하기 위해 하던 숙제를 멈추고 동생과 축구를 했어요.
녀석, 공 차는 연습을 좀 많이 하긴 해야겠어요.

切
끊을 절

활용어휘

- 일절 : 아주, 전혀, 절대로.
- 절실하다 : 매우 시급하고도 긴요한 상태에 있다.

腐
썩을 부

활용어휘

- 부식 : 썩어서 문드러짐. 금속이 산화 따위의 화학 작용에 의하여 금속 화합물로 변화되는 일.
- 유부 : 두부를 얇게 썰어 기름에 튀긴 음식.

4月 28日

오늘의 속담

세 살적 버릇이 여든까지 간다

: 3세 때 하던 버릇을 80세가 되어서도 계속함.

어릴 때 몸에 밴 버릇은 늙어 죽을 때까지 고치기 힘들다는 뜻으로,
어릴 때부터 나쁜 버릇이 들지 않도록 잘 가르쳐야 함을 비유적으로 이르는 말.

비슷한 표현	어릴 때 굽은 길맛가지* : 좋지 않은 버릇이 굳어버려서 고치지 못하게 됨. 한번 검으면 흴 줄 모른다.

* 길맛가지 : 소의 등에 얹는 길마를 만들 때 쓰는 말굽 모양의 나뭇가지.

9月

오늘의 사자성어

3日

천고마비

: 하늘이 높고 말이 살찐다는 뜻으로, 하늘이 맑아 높푸르게 보이고 온갖 곡식이 익는 가을철을 이르는 말.

天	高	馬	肥
하늘 천	높을 고	말 마	살찔 비

천고마비의 계절, 가을이에요.
맑고 푸른 하늘이 한없이 높아 보이네요.
가을은 말이 살찐다는데 제가 자꾸 살이 찌는 건 왜일까요?
혹시 저는 전생에 말이었던 걸까요?

高 높을 고

활용어휘

- 고조 : 감정이나 기세가 극도로 높은 상태.
- 고결 : 성품이 고상하고 순결함.

肥 살찔 비

활용어휘

- 비만 : 살이 쪄서 몸이 뚱뚱함.
- 비대 : 몸에 살이 쪄서 크고 뚱뚱함. 권력이나 권한, 조직 따위가 일정한 범위를 넘어서 강대함.

4月

29日

오늘의 속담

열 길* 물속은 알아도 한 길 사람 속은 모른다

: 깊은 물속은 검게 비쳐 거의 보이지 않아도 안다 할 수 있지만 한 길 사람 속은 알지 못함.

사람의 속마음을 알기란 매우 힘듦을 비유적으로 이르는 말.

비슷한 표현	사람 속은 천 길 물속이라. 인심난측(人心難測) : 사람의 마음을 헤아리기 어렵다.

* 길 : 길이의 단위. 한 길은 여덟 자 또는 열 자로 약 2.4미터 또는 3미터에 해당한다.

9月 2日

오늘의 속담

백지장도 맞들면 낫다

: 하얀색의 종이 한 장도 함께 마주보고 들면 더욱 가벼움.

쉬운 일이라도 협력하여 하면 훨씬 더 쉽다는 말.

비슷한 표현	동냥자루도 마주 벌려야 들어간다. 십시일반(十匙一飯) : 여러 사람이 조금씩 힘을 합하면 한 사람을 돕기 쉬움.

4月

오늘의 사자성어

30日

장유유서

: 어른과 어린이 사이의 도리는 엄격한 차례가 있고 복종해야 할 질서가 있음.

長	幼	有	序
어른 장	어릴 유	있을 유	차례 서

식사를 하든, 간식을 먹든 아빠께서 늘 하시는 말씀이 있어요.
"음식을 먹을 땐 언제나 장유유서를 잊지 말아라."
아빠께서 먼저 숟가락을 들고 음식을 드신 후에, 자녀들이 먹는 거래요.
맛있는 게 있는 날은 특히 더 그러셔요.

幼
어릴 유

활용어휘

- 유충 : 아직 성충이 되기 전인 애벌레.
- 유년기 : 유아기와 소년기의 중간으로 유치원 교육과 초등학교 저학년 교육이 이루어지는 시기.

序
차례 서

활용어휘

- 질서 : 혼란 없이 순조롭게 이루어지게 하는 사물의 순서나 차례.
- 순서 : 무슨 일을 행하거나 무슨 일이 이루어지는 차례.

9月 1日

오늘의 속담

가지 많은 나무에 바람 잘 날 없다

: 가지가 많은 나무는 어느 한 가지라도 바람에 흔들리고 있어 가만히 있기 어려움.

자식을 많이 둔 어버이에게는 근심, 걱정이 끊일 날이 없음을 비유적으로 이르는 말.

비슷한 표현

수대초풍(樹大招風) : 가지 많은 나무에 바람 잘 날 없다.
새끼 많이 둔 소 길마* 벗을 날 없다.

* 길마 : 짐을 싣거나 수레를 끌기 위해 소 등에 얹는 기구.

5月

月	火	水	木	金	土	日

9月

月	火	水	木	金	土	日

5月

1日

오늘의 사자성어

각양각색

: 각기 다른 여러 가지 모양과 빛깔.

各	樣	各	色
각각 각	모양 양	각각 각	빛 색

오늘은 드디어 즐거운 현장 체험학습 가는 날.
신나게 체험한 뒤, 점심을 먹기 위해 친구들과 한자리에 모였어요.
도시락 모양도 다 다르고, 싸 온 김밥도 집집마다 다 달라요.
우리는 각양각색의 도시락을 서로 나눠 먹으며 깔깔 웃었어요.

樣 모양 양

활용어휘

- 외양 : 겉모양. 겉으로 보이는 모습.
- 양식 : 일정한 모양이나 형식.

色 빛 색

활용어휘

- 행색 : 겉으로 드러난 차림이나 모습.
- 각색 : 각본으로 만듦. 소설, 서사시 등의 문학 작품을 희곡이나 시나리오로 고쳐 씀.

8月

오늘의 사자성어

31日

전무후무

: 이전에도 없었고 앞으로도 없음.

前	無	後	無
앞 전	없을 무	뒤 후	없을 무

누나가 이번 시험에서 반 전체 중 1등을 했대요.
와, 이건 정말 있을 수 없는 놀라운 일이에요.
누나 역시 본인이 생각해도 전무후무한 일이 될 거래요.
그렇다면 이제 다시 1등을 할 일은 없다는 건가요?

前 앞 전

활용어휘

- 전제 : 어떠한 사물이나 현상을 이루기 위하여 먼저 내세우는 것.
- 여전하다 : 전과 같다.

後 뒤 후

활용어휘

- 후예 : 자신의 세대에서 여러 세대가 지난 뒤의 자녀를 통틀어 이르는 말.
- 후원 : 뒤에서 도와줌.

5月

2日

오늘의 사자성어

우유부단

: 어물어물 망설이기만 하고 결단성이 없음.

優	柔	不	斷
넉넉할 우 뛰어날 우	부드러울 유	아닐 부(불)	끊을 단

우리 누나는 무언가를 스스로 결정해야 할 때 가장 곤란하대요.
뭘 먹을지, 언제 일어날지, 어디로 갈지 등등 결정할 때마다 힘들다네요.
맞아요, 누나는 성격이 좀 우유부단한 편이죠.
그런 누나에게는 결정하는 순간이 힘들 수 밖에 없을 거예요.

優
넉넉할 우
뛰어날 우

활용어휘

- 우월 : 다른 것보다 나음.
- 우세 : 상대편보다 힘이나 세력이 강함. 또는 그 힘이나 세력.

柔
부드러울 유

활용어휘

- 유연하다 : 부드럽고 연하다.
- 온유 : 성격, 태도 따위가 온화하고 부드러움.

8月

오늘의 사자성어

30日

호가호위

: 남의 권세를 빌려 위세를 부림.

狐	假	虎	威
여우 호	거짓 가	범 호	위엄 위

우리 반에는 엄청나게 덩치가 크고 힘이 센 친구가 있어요.
그 옆에는 항상 같이 다니는 친구가 한 명 있는데,
어쩐 일인지 힘이 센 친구보다 그 옆의 친구가 더 으스대며 다녀요.
호가호위하는 모습이 그다지 보기에 좋지 않다고 말해주고 싶어요.

假
거짓 가

활용어휘

- 가식 : 말이나 행동 따위를 거짓으로 꾸밈.
- 가정 : 사실이 아니거나 또는 사실인지 아닌지 분명하지 않은 것을 임시로 인정함.

威
위엄 위

활용어휘

- 위엄 : 존경할 만한 위세가 있어 점잖고 엄숙함. 또는 그런 태도나 기세.
- 권위 : 남을 지휘하거나 통솔하여 따르게 하는 힘. 일정한 분야에서 사회적으로 인정을 받고 영향력을 끼칠 수 있는 위신.

5月

3日

오늘의 사자성어

선견지명

: 어떤 일이 일어나기 전에 미리 앞을 내다보고 아는 지혜.

先	見	之	明
먼저 선	볼 견	갈 지 어조사 지	밝을 명

저는 학교에 늦게 가는 편인데, 오늘 아침에는 왠지 일찍 가고 싶었어요. 이른 시간에 집에서 나와 학교로 향하는데 뒤에서 누군가 저를 불렀어요. 남몰래 좋아하던 여자친구가 뛰어오면서 함께 가자는 것이 아니겠어요? 선경지명이 있었나 봐요. 오늘은 꼭 일찍 가고 싶더라니!

先
먼저 선

활용어휘

- 우선 : 어떤 일에 앞서서.
- 선구자 : 말을 탄 행렬에서 맨 앞에 선 사람. 어떤 일이나 사상에서 다른 사람보다 앞선 사람.

明
밝을 명

활용어휘

- 투명 : 물 따위가 속까지 환히 비치도록 맑음.
- 변명하다 : 어떤 잘못이나 실수에 대하여 구실을 대며 그 까닭을 말하다.

8月

오늘의 사자성어

29日

금시초문

: 바로 지금 처음으로 들음.

今	時	初	聞
이제 금	때 시	처음 초	들을 문

꼭 해야 하는 숙제가 있는데 친구가 해 오지 않았어요.
"너, 이걸 아예 안 해 온 거야?"라고 묻자 친구는 깜짝 놀라며,
자기는 정말 금시초문이라며, 그런 숙제가 있었냐고 물어보네요.
선생님께서 말씀하실 때 좀 잘 듣자고 친구를 토닥여주었어요.

今
이제 금

활용어휘

- 금방 : 말하고 있는 시점보다 바로 조금 전에.
- 당금 : 일이 있는 바로 지금. 바로 이제.

初
처음 초

활용어휘

- 초심 : 처음에 먹은 마음. 어떤 일을 처음 배우는 사람.
- 초보 : 처음으로 내딛는 걸음. 학문이나 기술 따위를 익힐 때의 그 처음 단계나 수준.

5月

4日

오늘의 사자성어

호사다마

: 좋은 일에는 흔히 방해되는 일이 많음.
또는 그런 일이 많이 생김.

好	事	多	魔
좋을 호	일 사	많을 다	마귀 마

기다리던 영화가 개봉을 했어요.
친구와 팝콘을 먹으며 영화를 보기로 했는데, 그만 감기에 걸렸어요.
계속 콧물이 나서 그 친구 앞에서 훌쩍거리게 생겼지 뭐예요.
호사다마라더니, 바로 오늘 같은 이런 때를 두고 하는 말이겠지요.

好
좋을 호

활용어휘

- 선호 : 여럿 가운데서 특별히 가려서 좋아함.
- 호전 : 일의 형세가 좋은 쪽으로 바뀜. 병의 증세가 나아짐.

魔
마귀 마

활용어휘

- 마성 : 악마와 같은 악독한 성질. 또는 사람을 속이거나 홀리는 성질.
- 마술 : 재빠른 손놀림이나 여러 가지 장치, 속임수 따위를 써서 불가사의한 일을 하여 보임. 또는 그런 술법이나 구경거리.

8月

오늘의 사자성어

28日

전광석화

: 번개의 빛과 부싯돌의 불이라는 뜻으로, 매우 짧은 시간이나 재빠른 움직임 따위를 비유적으로 이르는 말.

電	光	石	火
번개 전	빛 광	돌 석	불 화

엄마께서 맛있는 간식을 주셨어요.
그런데 갑자기 동생이 쌩하고 지나가고 나니,
접시에 있던 간식이 순식간에 모두 사라졌어요.
전광석화같이 해치우니 화도 나지 않고 오히려 신기해서 웃음이 나네요.

電
번개 전

활용어휘
- 정전 : 전기가 한때 끊어짐.
- 충전 : 축전지나 축전기에 전기 에너지를 축적하는 일.

光
빛 광

활용어휘
- 영광 : 빛나고 아름다운 영예.
- 광복 : 빼앗긴 주권을 도로 찾음.

비 온 뒤에 땅이 굳어진다

: 비가 오면 땅이 축축해서 밟으면 발이 움푹 들어가지만 땅이 마르고 나면 더욱 단단해짐.

비에 젖어 질척거리던 흙도 마르면서 단단하게 굳어진다는 뜻으로, 어떤 시련을 겪은 뒤에 더 강해짐을 비유적으로 이르는 말.

비슷한 표현	빠른 바람에 굳센 풀을 안다.

8月

27日

오늘의 사자성어

이열치열

: 열은 열로써 다스린다는 뜻으로, 어떠한 작용에 대하여 그것과 같은 수단으로 대응함을 이르는 말.

以	熱	治	熱
써 이	더울 열	다스릴 치	더울 열

여름날, 아빠께서 라면을 끓여 오셨어요. 이 더운 날씨에 뜨거운 라면이라니!
아빠께서는 지금 이 상황이 이열치열이라셔요.
뜨거운 라면 한 그릇으로 땀을 쫙 흘리고 나면 엄청 시원해진다는데,
저는 지금 시원한 냉면이 간절하답니다.

熱
더울 열

활용어휘

- 열정 : 어떤 일에 열렬한 애정을 가지고 열중하는 마음.
- 작열 : 불 따위가 이글이글 뜨겁게 타오름. 몹시 흥분하거나 하여 이글거리듯 들끓음을 비유적으로 이르는 말.

治
다스릴 치

활용어휘

- 정치 : 나라를 다스리는 일.
- 치유 : 치료하여 병을 낫게 함.

5月 6日

오늘의 속담

친구 따라 강남 간다

: 친구가 강남을 간다고 하니 깊게 생각해 보지 않고 따라간다고 함.

자기는 하고 싶지 아니하나 남에게 끌려서 덩달아 하게 됨을 이르는 말.

비슷한 표현

추우강남(追友江南) : 벗 따라 강남 간다.
부화뇌동(附和雷同) : 줏대 없이 남의 의견에 따라 움직임.

8月 26日

오늘의 속담

두 손뼉이 맞아야 소리가 난다

: 한 손바닥으로 허공을 쳐봐야 소리가 나지 않고 두 손바닥을 마주쳐야 소리가 남.

무슨 일이든지 두 편에서 서로 뜻이 맞아야 이루어질 수 있다는 말.
서로 똑같기 때문에 말다툼이나 싸움이 된다는 말.

비슷한 표현

한 손뼉이 울지 못한다.
고장난명(孤掌難鳴) : 혼자의 힘만으로는 어떤 일을 이루기 힘듦.

5月

7日

오늘의 사자성어

이심전심

: 마음과 마음으로 서로 뜻이 통함.

以	心	傳	心
써 이	마음 심	전할 전	마음 심

학교가 끝나고 친구와 함께 집으로 가는 길.
분식집 앞에 다다르자 서로 아무 말 하지 않았는데도 함께 발걸음을 멈추어요.
마주 보며 씩 웃고서는 분식집 안으로 들어갑니다.
김밥, 떡볶이, 순대. 후후, 이럴 때 우리는 이심전심이랍니다.

以
써 이

활용어휘

- 이상 : 수량이나 정도가 일정한 기준보다 더 많거나 나음.
- 이후 : 이제부터 뒤. 기준이 되는 때를 포함하여 그보다 뒤.

傳
전할 전

활용어휘

- 와전 : 사실과 다르게 전함.
- 전설 : 옛날부터 민간에서 전하여 내려오는 이야기.

8月 25日

오늘의 속담

낫 놓고 기역자도 모른다

: 낫은 'ㄱ'자 모양으로 생겼는데 그것을 보고도 기역을 모름.

사람이 글자를 모르거나 아주 무식함을 비유적으로 이르는 말.

비슷한 표현	가갸 뒤 자도 모른다. 목불식정(目不識丁) : 아주 간단한 글자도 모른다는 뜻.

5月

8日

오늘의 사자성어

반포지효

: 까마귀가 늙은 어미에게 먹이를 물어다 주는 효(孝)라는 뜻으로, 어버이에 대한 지극한 효성을 이르는 말.

反	哺	之	孝
돌이킬 반	먹일 포	갈 지 어조사 지	효도 효

우리를 배 속에서 열 달 동안 품고 계시다가 고통을 참으며 낳으시고,
아픈 곳은 없는지, 힘든 일은 없는지 항상 걱정하시며
소중하게 키워주신 어머니의 그 은혜를 어찌 말로 다 할 수 있을까요?
오늘은 어버이 날, 반포지효하는 제가 되겠습니다!

反
돌이킬 반

활용어휘

- 반성 : 자신의 언행에 대하여 잘못이나 부족함이 없는지 돌이켜 봄.
- 반영 : 빛이 반사하여 비침. 다른 것에 영향을 받아 어떤 현상이 나타남. 또는 어떤 현상을 나타냄.

孝
효도 효

활용어휘

- 효자 : 부모를 잘 섬기는 아들.
- 효심 : 효성스러운 마음.

8月

24日

오늘의 사자성어

괄목상대

: 눈을 비비고 상대편을 본다는 뜻으로,
남의 학식이나 재주가 놀랄 만큼 부쩍 늚을 이르는 말.

刮	目	相	對
긁을 괄 깎을 괄	눈 목	서로 상	대답할 대 대할 대

한자리 수 더하기도 어려워하던 친구가 있었어요.
방학이 끝나고 다시 만났는데 덧셈, 뺄셈은 물론 구구단도 줄줄 외워요.
괄목상대한 친구를 보니 정말 놀라워요.
친구야, 방학 동안 대체 무슨 일이 있었던 거냐?

目
눈 목

활용어휘

- 맹목 : 눈이 멀어서 보지 못하는 눈. 이성을 잃어 적절한 분별이나 판단을 못하는 일.
- 목표 : 어떤 목적을 이루려고 지향하는 실제적 대상으로 삼음. 또는 그 대상.

對
대답할 대
대할 대

활용어휘

- 대화 : 마주 대하여 이야기를 주고받음. 또는 그 이야기.
- 반대 : 두 사물이 모양, 위치, 방향, 순서 따위에서 등지거나 서로 맞섬. 또는 그런 상태. 어떤 행동이나 견해, 제안 따위에 따르지 아니하고 맞서 거스름.

5月

9日

오늘의 사자성어

박학다식

: 학식이 넓고 아는 것이 많음.

博	學	多	識
넓을 박	배울 학	많을 다	알 식

척척박사라고 불리는 친구가 있는데 그 친구는 모르는 것이 없어요.
항상 책을 가지고 다니고 다양한 분야의 책을 읽는 덕분인지
우리들이 물어보면 뭐든 척척 대답을 해줘요.
박학다식한 모습, 정말 멋져요. 나도 열심히 책을 읽어야겠어요.

博
넓을 박

활용어휘

- 해박하다 : 여러 방면으로 학식이 넓다.
- 박애 : 모든 사람을 평등하게 사랑함.

學
배울 학

활용어휘

- 진학 : 상급 학교로 나아감.
- 면학 : 학문에 힘써 공부함.

8月

오늘의 사자성어

23日

함구무언

: 입을 다물고 아무 말도 하지 아니함.

緘	口	無	言
봉할 함	입 구	없을 무	말씀 언

매일 까불거리는 동생이 오늘따라 아무 말도 하지를 않아요. 무슨 일이 있었는지 아무리 물어보아도 함구무언이에요. 매일 시끄럽게 쫑알대서 귀찮았는데 이렇게 입을 꾹 다물고 있으니 이 또한 너무 답답한 일이라는 걸 새삼 깨달았답니다.

緘
봉할 함

활용어휘

- 함구령 : 어떤 일의 내용을 말하지 말라는 명령.
- 함봉 : 편지, 문서 따위의 겉봉을 봉함.

口
입 구

활용어휘

- 구전 : 말로 전하여 내려옴. 또는 말로 전함.
- 창구 : 사무실 등에서 바깥의 손님을 상대할 수 있도록 조그마하게 만든 창문.

5月

오늘의 사자성어

10日

결초보은

: 풀을 묶어 은혜를 갚는다는 뜻으로,
죽은 뒤에라도 은혜를 잊지 않고 갚음을 이르는 말.

結	草	報	恩
맺을 결	풀 초	갚을 보	은혜 은

컴컴한 산속에서 길을 잃었다고 상상해 보세요.
배가 고파 죽을 지경인데, 친구가 얼마 안 남은 초코바를 나누어준다면
그 고마움을 다음번에 꼭 보답하고 싶겠지요?
그게 바로 결초보은하는 마음이랍니다.

草
풀 초

활용어휘

- 벌초 : 무덤의 잡초를 베는 일.
- 초식 동물 : 식물을 주로 먹고 사는 동물.

恩
은혜 은

활용어휘

- 은혜 : 고맙게 베풀어주는 신세나 혜택.
- 은사 : 은혜를 베풀어준 스승. 스승을 감사한 마음으로 이르는 말이다.

8月

오늘의 사자성어

22日

용의주도

: 꼼꼼히 마음을 써서 일에 빈틈이 없음.

用	意	周	到
쓸 용	뜻 의	두루 주	이를 도

가족 여행을 갈 때 아빠께서는 계획 없이 되는대로 다니시는 편이고,
엄마께서는 무척 꼼꼼하게 계획을 세우시는 편이세요.
숙소는 물론, 식사할 장소와 시간까지도 철저하게 계획하세요.
용의주도한 엄마와 함께 다니면 지구 어디에서든 걱정이 없어요.

周 두루 주

활용어휘

- 주변 : 어떤 대상의 둘레.
- 주위 : 어떤 곳의 바깥 둘레. 어떤 사물이나 사람을 둘러싸고 있는 것. 또는 환경.

到 이를 도

활용어휘

- 쇄도 : 전화, 주문 따위가 한꺼번에 세차게 몰려듦.
- 도달 : 목적한 곳이나 수준에 다다름.

5月

오늘의 사자성어

11日

명불허전

: 명성이나 명예가 헛되이 퍼진 것이 아니라는 뜻으로, 이름날 만한 까닭이 있음을 이르는 말.

名	不	虛	傳
이름 명	아니 불(부)	빌 허	전할 전

옆 학교에 축구를 잘하기로 소문난 친구가 있어요.
지난주에 그 학교가 우리 학교와 축구 시합을 했는데,
정말 그 친구는 슛을 때리는 족족 골인이 되더라고요.
역시 명불허전이구나, 감탄이 절로 나왔어요.

名 이름 명

활용어휘

- 유명 : 이름이 널리 알려져 있음.
- 명예 : 세상에서 훌륭하다고 인정되는 이름이나 자랑. 또는 그런 존엄이나 품위.

虛 빌 허

활용어휘

- 허무하다 : 아무것도 없이 텅 빈 상태이다. 무가치하고 무의미하게 느껴져 매우 허전하고 쓸쓸하다.
- 허기 : 몹시 굶어서 배고픈 느낌.

21日

오늘의 사자성어

자초지종

: 처음부터 끝까지의 과정.

自	初	至	終
스스로 자	처음 초	이를 지	마칠 종

친구와 약속이 있어서 집을 나서려는데
엄마께서 갑자기 체한 것 같다며 약을 사다 달라고 하셨어요.
아픈 엄마의 부탁이라 약을 사다 드리고 가느라 약속 시간에 늦게 되었죠.
처음에는 화를 내던 친구가 자초지종을 다 듣고 나자 이해해 주었어요.

初
처음 초

활용어휘

- 초기 : 정해진 기간이나 일의 처음이 되는 때나 시기.
- 최초 : 맨 처음.

終
마칠 종

활용어휘

- 종료 : 어떤 행동이나 일 따위가 끝남. 또는 행동이나 일 따위를 끝마침.
- 종식 : 한때 매우 성하던 현상이나 일이 끝나거나 없어짐.

호랑이 굴에 가야 호랑이 새끼를 잡는다

: 호랑이 새끼를 잡고 싶으면 위험하더라도 호랑이 굴에 들어가야 함.

뜻하는 성과를 얻으려면 그에 마땅한 일을 하여야 함을 비유적으로 이르는 말.

비슷한 표현

불입호혈 부득호자(不入虎穴 不得虎子) : 범굴에 들어가야 범을 잡는다.
서울에 가야 과거* 도 본다.

* 과거 : 옛날에 우리나라와 중국에서 관리를 뽑을 때 실시하던 시험.

8月

오늘의 사자성어

20日

패가망신

: 집안의 재산을 다 써 없애고 몸을 망침.

敗	家	亡	身
패할 패	집 가	망할 망	몸 신

주식에 투자한 돈을 손해 본 삼촌께서 주식을 그만두신 줄 알았는데 투자한 돈을 되찾겠다고 계속 주식을 하셨대요. 엄마께서는 그런 삼촌을 보며 패가망신하게 생겼다며 계속 걱정을 하시네요. 이번에 투자하신 주식은 꼭 오르기를 기도해 줘야겠어요.

敗 패할 패

활용어휘

- 부패 : 정치, 사상, 의식 따위가 타락함. 단백질이나 지방 따위의 유기물이 미생물의 작용에 의하여 분해되는 과정. 또는 그런 현상.
- 승패 : 승리와 패배를 아울러 이르는 말.

亡 망할 망

활용어휘

- 도망 : 피하거나 쫓기어 달아남.
- 멸망 : 망하여 없어짐.

고양이 쥐 생각

: 고양이가 쥐를 잡아먹을 생각을 하면서 겉으로는 잘해주는 척함.

속으로는 해칠 마음을 품고 있으면서, 겉으로는 생각해 주는 척함을 이르는 말.

비슷한 표현

고양이 쥐 사정 보듯.
구밀복검(口蜜腹劍) : 입에는 꿀이 있고 뱃속에는 칼을 품고 있다.

8月 19日

오늘의 속담

빛 좋은 개살구

: 개살구는 보기에는 먹음직스럽지만 막상 먹어보면 그냥 살구보다 떫고 맛이 없음.

겉만 그럴듯하고 실속이 없는 경우를 비유적으로 이르는 말.

비슷한 표현	이름 좋은 하늘타리.* 금옥패서(金玉敗絮) : 금옥과 헌솜. 겉은 화려하게 꾸몄으나 속은 추악함.

* 하늘타리 : 박과에 속한 여러해살이 덩굴풀.

5月

14日

오늘의 사자성어

일취월장

: 나날이 다달이 자라거나 발전함.

日	就	月	將
날 일	나아갈 취	달 월	장수 장

동생이 피아노 학원에 다니기 시작했어요.
'도레미파'도 모르던 동생이 며칠 만에 '나비야 나비야'를 치네요.
일취월장하는 동생을 보며 가족들 모두 감탄하였어요.
이러다 다음 달에 연주회를 여는 거 아닐까요?

就
나아갈 취

활용어휘

- 성취 : 목적한 바를 이룸.
- 취임 : 새로운 직무를 수행하기 위하여 맡은 자리에 처음으로 나아감.

月
달 월

활용어휘

- 세월 : 흘러가는 시간.
- 월급 : 한 달을 단위로 하여 지급하는 급료. 또는 그런 방식.

8月

18日

쇠귀에 경* 읽기

: 소의 귀에 대고 조상들이 남긴 지혜로운 글을 읽어줌.

아무리 가르치고 일러주어도 알아듣지 못함을 비유적으로 이르는 말.

비슷한 표현	말 귀에 염불. 우이독경(牛耳讀經) : 쇠귀에 경 읽기.

* 경 : 옛 성현들이 유교의 사상과 교리를 써놓은 책.

5月

오늘의 사자성어

15日

청출어람

: 쪽에서 뽑아낸 푸른 물감이 쪽보다 더 푸르다는 뜻으로,
제자나 후배가 스승이나 선배보다 나은 경우를 이르는 말.

靑	出	於	藍
푸를 청	날 출	어조사 어 탄식할 오	쪽 람(남)

선생님께서 우리들이 청출어람이 되길 바라신대요.
우리나라에서 최고가 되고, 세계에서 최고가 되는 훌륭한 사람으로 자라래요.
바라시는 대로 최고가 되기 위해 최선을 다할게요.
오늘은 스승의 날, 선생님보다 더 멋진 제자가 되도록 노력하겠습니다!

靑
푸를 청

활용어휘

- 청년 : 신체적 · 정신적으로 한창 성장하거나 무르익은 시기에 있는 사람. 성년 남자.
- 청청하다 : 싱싱하게 푸르다.

於
어조사 어
탄식할 오

활용어휘

- 심지어 : 더욱 심하다 못하여 나중에는.
- 어언 : 알지 못하는 동안에 어느덧.

8月

17日

오늘의 사자성어

악전고투

: 매우 어려운 조건을 무릅쓰고 힘을 다하여 고생스럽게 싸움.

惡	戰	苦	鬪
악할 악	싸움 전	쓸 고	싸울 투

우리의 축구 영웅 손흥민 선수가 카타르 월드컵 당시 부상에도 불구하고
마스크까지 착용하며 열심히 뛰던 모습을 기억하나요?
악전고투하며 주장으로서 최선을 다하던 모습이 아직도 생생해요.
역시, 월드 클래스는 뭐가 달라도 다른 거겠죠?

惡 악할 악

활용어휘

- 악취 : 나쁜 냄새.
- 열악하다 : 품질이나 능력, 시설 따위가 매우 떨어지고 나쁘다.

鬪 싸울 투

활용어휘

- 투쟁 : 어떤 대상을 이기거나 극복하기 위한 싸움.
- 투혼 : 끝까지 투쟁하려는 기백.

5月

16日

오늘의 사자성어

권선징악

: 착한 일을 권장하고 악한 일을 징계함.

勸	善	懲	惡
권할 권	착할 선	징계할 징	악할 악

흥부와 놀부 이야기는 우리 모두 잘 알고 있을 거예요.
다리가 부러진 제비를 도와준 착한 흥부는 금은보화를 얻고,
마음씨 고약했던 놀부는 도깨비들에게 혼쭐이 나지요.
우리나라의 옛이야기에는 이렇듯 권선징악의 결말이 많아요.

勸
권할 권

활용어휘

- 권유 : 어떤 일 따위를 하도록 권함.
- 권면하다 : 알아듣도록 권하고 격려하여 힘쓰게 하다.

懲
징계할 징

활용어휘

- 징계 : 허물이나 잘못을 뉘우치도록 나무라며 경계함.
- 징벌 : 옳지 아니한 일을 하거나 죄를 지은 데 대하여 벌을 줌. 또는 그 벌.

8月

16日

오늘의 사자성어

분골쇄신

: 뼈를 가루로 만들고 몸을 부순다는 뜻으로,
어떤 일에 온 힘을 다해 노력하는 것을 이르는 말.

粉	骨	碎	身
가루 분	뼈 골	부술 쇄	몸 신

엄마께서 직장 일에, 집안일까지 많이 힘드셨는지 몸져누우셨어요.
엄마 혼자 분골쇄신하셨던 것에 죄송한 마음을 담아
앞으로는 가족이 다 함께 분골쇄신하여
집안일에 힘쓰기로 다짐했답니다. 파이팅!

粉
가루 분

활용어휘

- 분홍 : 하얀빛을 띤 엷은 붉은색.
- 분말 : 딱딱한 물건을 보드라울 정도로 잘게 부수거나 갈아서 만든 것.

碎
부술 쇄

활용어휘

- 파쇄 : 깨뜨려 부숨.
- 분쇄하다 : 단단한 물체를 가루처럼 잘게 부스러뜨리다.

5月

17日

오늘의 사자성어

온고지신

: 옛것을 익히고 그것을 미루어서 새것을 앎.

溫	故	知	新
따뜻할 온	연고 고 옛 고	알 지	새 신

옛날의 맷돌이 있었기에 지금의 믹서기가 있고,
장독대가 있었기에 김치 냉장고가 만들어질 수 있었죠.
옛것을 바탕으로 하여 새로운 것을 이루어나가는
온고지신의 정신을 잊지 말아야 해요.

溫
따뜻할 온

활용어휘

- 온기 : 따뜻한 기운.
- 온화하다 : 날씨가 맑고 따뜻하며 바람이 부드럽다. 성격, 태도 따위가 온순하고 부드럽다.

新
새 신

활용어휘

- 신구 : 새것과 헌것을 아울러 이르는 말.
- 신작로 : 새로 만든 길이라는 뜻으로, 자동차가 다닐 수 있을 정도로 넓게 새로 낸 길을 이르는 말.

8月

15日

오늘의 사자성어

결자해지

: 맺은 사람이 풀어야 한다는 뜻으로,
자기가 저지른 일은 자기가 해결하여야 함을 이르는 말.

結	者	解	之
맺을 결	놈 자	풀 해	갈 지 어조사 지

일본이 우리나라를 침략해 주권을 빼앗아 갔던 일을 기억하죠?
1945년 8월 15일, 일본은 전쟁의 패배를 인정했고
우리나라는 일본으로부터 해방되어 독립을 되찾고 광복을 맞았어요.
일본은 결자해지하는 자세로, 과거의 잘못을 진심으로 사과하길 바라요.

結
맺을 결

활용어휘

- 완결 : 완전하게 끝을 맺음.
- 결과 : 열매를 맺음. 또는 그 열매. 어떤 원인으로 결말이 생김. 또는 그런 결말의 상태.

解
풀 해

활용어휘

- 해결 : 제기된 문제를 해명하거나 얽힌 일을 잘 처리함.
- 해석 : 문장이나 사물 따위로 표현된 내용을 이해하고 설명함. 또는 그 내용.

5月

18日

오늘의 사자성어

성심성의

: 참되고 성실한 마음과 뜻.

誠	心	誠	意
정성 성	마음 심	정성 성	뜻 의

청소 시간, 열심히 바닥을 쓸고 구석구석 먼지까지 꼼꼼히 청소했어요.
선생님께서 성심성의껏 청소하는 저의 모습을 보시고는
친구들 앞에서 크게 칭찬을 해주셨어요.
성실한 것은 저의 가장 큰 장점인 것 같습니다.

誠
정성 성

활용어휘

- 정성 : 온갖 힘을 다하려는 참되고 성실한 마음.
- 충성 : 진정에서 우러나오는 정성. 특히, 임금이나 국가에 대한 것을 이른다.

意
뜻 의

활용어휘

- 주의하다 : 마음에 새겨두고 조심하다. 어떤 한 곳이나 일에 관심을 집중하여 기울이다.
- 의미 : 말이나 글의 뜻. 행위나 현상이 지닌 뜻. 사물이나 현상의 가치.

8月

14日

오늘의 사자성어

천양지차

: 하늘과 땅 사이와 같이 엄청난 차이.

天	壤	之	差
하늘 천	흙덩이 양	갈 지 어조사 지	다를 차

형과 게임을 세 판 했는데 제가 세 판 모두 졌어요.
형이 하는 말에 따르면, 제 실력과 형의 실력은 천양지차래요.
의기양양해하는 형을 보니 갑자기 엄마 얼굴이 떠올라요.
형이 공부를 이렇게 열심히 했다면 엄마께서 얼마나 기뻐하실까요?

壤
흙덩이 양

활용어휘

- 토양 : 지구의 표면을 덮고 있는, 바위가 부스러져 생긴 가루인 무기물과 동식물에서 생긴 유기물이 섞여 이루어진 물질.
- 양토 : 배수(排水), 보수력, 통기성이 적당하여 모든 작물 재배에 알맞은 흙.

差
다를 차

활용어휘

- 차별 : 둘 이상의 대상을 각각 등급이나 수준 따위의 차이를 두어서 구별함.
- 격차 : 빈부, 임금, 기술 수준 따위가 서로 벌어져 다른 정도.

5月

19日

오늘의 속담

도둑이 제 발 저리다

: 도둑이 마음이 불안하여 저절로 발이 저림.

지은 죄가 있으면 자연히 마음이 조마조마하여짐을 비유적으로 이르는 말.

비슷한 표현	도둑이 포도청 간다. 도적은 제 발이 저려서 뛴다. 식혜 먹은 고양이 속.

8月

오늘의 사자성어

13日

자격지심

: 자기가 한 일에 대하여 스스로 미흡하게 여기는 마음.

自	激	之	心
스스로 자	격할 격	갈 지 어조사 지	마음 심

학원 쉬는 시간에 좋아하는 아이돌 얘기를 하다가
곱슬머리 얘기가 나왔는데요, 지나가던 친구가 화를 냈어요.
왜 곱슬머리에 관해 나쁘게 이야기하느냐고 말이죠.
아마도 그 친구는 곱슬머리에 관한 자격지심이 있었나 봐요.

自
스스로 자

활용어휘

- 자만 : 자신이나 자신과 관련 있는 것을 스스로 자랑하며 뽐냄.
- 자신감 : 자신이 있다는 느낌.

激
격할 격

활용어휘

- 과격 : 정도가 지나치게 격렬함.
- 격앙 : 기운이나 감정 따위가 격렬히 일어나 높아짐.

5月 20日

오늘의 속담

갈수록 태산이다

: 언덕을 겨우 넘었는데 더 높고 큰 산이 있음.

어떤 일의 형세가 갈수록 점점 더 힘들어지는 것을 비유적으로 이르는 말.

비슷한 표현

노루 피하니 범이 온다.
거익태산(去益泰山) : 갈수록 태산.

선무당이 사람 잡는다

: 무당은 미래를 점치거나 질병을 고친다고 믿는데 서투른 무당이 잘못 나서서 사람에게 피해를 입힐 수 있음.

능력이 없어서 제구실을 못 하면서 함부로 하다가 큰일을 저지르게 됨을 비유적으로 이르는 말.

비슷한 표현	어설픈 약국이 사람 죽인다. 생무살인(生巫殺人) : 선무당이 사람 잡는다.

5月

21日

오늘의 사자성어

각골난망

: 남에게 입은 은혜가 뼈에 새길 만큼 커서 잊히지 아니함.

刻	骨	難	忘
새길 각	뼈 골	어려울 난	잊을 망

미술 시간에 꼭 가지고 와야 하는 준비물이 있었는데
깜빡하고 가져오지 않았어요.
그런데 내 짝궁이 흔쾌히 자기 준비물을 나누어준대요.
와, 이거 정말 각골난망이에요. 내 짝궁, 넌 감동이었어!

刻 새길 각

활용어휘

- 각인 : 도장을 새김. 또는 그 도장. 머릿속에 새겨 넣듯 깊이 기억됨.
- 양각 : 조각에서, 평평한 면에 글자나 그림 따위를 도드라지게 새기는 일.

忘 잊을 망

활용어휘

- 망각 : 어떤 사실을 잊어버림.
- 건망증 : 어떤 사건이나 사실을 기억하는 속도가 느려지거나 일시적으로 기억하지 못하는 기억 장애의 한 증상.

8月 11日

오늘의 속담

달면 삼키고 쓰면 뱉는다

: 몸에 좋은지는 생각하지 않고 맛이 달콤하면 삼키고 쓰면 뱉음.

옳고 그름이나 신의를 돌보지 않고 자기의 이익만 꾀함을 비유적으로 이르는 말.

비슷한 표현

추우면 다가들고 더우면 물러선다.
감탄고토(甘呑苦吐) : 달면 삼키고 쓰면 뱉는다.

5月

22日

오늘의 사자성어

살신성인

: 자기의 몸을 희생하여 옳은 일을 행함.

殺	身	成	仁
죽일 살	몸 신	이룰 성	어질 인

화재가 발생한 곳에는 항상 소방관이 출동해요.
위험한 불길 속으로 뛰어들어 사람들을 구해내는 살신성인의 모습을 보고 있으면
나도 어른이 되어 그런 훌륭한 사람이 되고 싶어요.
그러려면 지금부터 무엇을 준비해야 할까요?

殺
죽일 살

활용어휘

- 살충제 : 사람과 가축, 농작물에 해가 되는 벌레를 죽이거나 없애는 약.
- 묵살하다 : 의견이나 제안 따위를 듣고도 못 들은 척하다.

仁
어질 인

활용어휘

- 인자하다 : 마음이 어질고 자애롭다.
- 인애하다 : 어진 마음으로 사랑하다. 어질고 자애롭다.

8月

오늘의 사자성어

10日

천편일률

: 천 편의 글이 한 가지 운율로 되어 있다는 뜻으로,
사물이 차이점이 없고 모두 비슷함을 비유적으로 이르는 말.

千	篇	一	律
일천 천	책 편	한 일	법칙 률(율)

미술 시간에 풍경화를 그리기로 했어요.
그런데 대부분 친구가 해, 산, 나무, 꽃, 집을 그렸어요.
우리의 그림을 보신 선생님께서 천편일률적인 그림 좀 그만 그리라고 하셔요.
그렇다면, 하늘에서 돌멩이가 날아오는 모습을 그려볼까요?

篇
책 편

활용어휘

- 단편 : 짧은 시문. 짤막하게 끝을 낸 글.
- 장편 : 내용이 길고 복잡한 소설이나 시 등의 글.

律
법칙 률(율)

활용어휘

- 법률 : 국가의 강제력을 수반하는 사회 규범. 법률, 명령, 규칙, 조례 등.
- 자율 : 남의 지배나 구속을 받지 아니하고 자기 스스로의 원칙에 따라 어떤 일을 하는 것.

5月

23日

오늘의 사자성어

외유내강

: 겉으로는 부드럽고 순하게 보이나 속은 곧고 굳셈.

外	柔	內	剛
바깥 외	부드러울 유	안 내	굳셀 강

늘 온화하게 웃는 순한 성격의 친구가 있어요.
그런데 그 부모님께서 교통사고로 입원하셨대요.
저 같으면 울고불고했을 텐데, 그 친구는 곧 괜찮아지실 거라며 꿋꿋해요.
외유내강인 모습이 정말 대단하네요.

外
바깥 외

활용어휘

- 외부 : 바깥 부분. 조직이나 단체의 밖.
- 제외 : 따로 떼어내어 한데 헤아리지 않음.

內
안 내

활용어휘

- 내용 : 그릇이나 포장 따위의 안에 든 것. 사물의 속내를 이루는 것.
- 안내 : 어떤 내용을 소개하여 알려줌. 또는 그런 일.

8月

오늘의 사자성어

9日

오매불망

: 자나 깨나 잊지 못함.

寤	寐	不	忘
잠 깰 오	잘 매	아니 불(부)	잊을 망

좋아하는 친구가 있다면 항상 그 친구 생각을 하게 되지요.
밥을 먹으면서도, 잠을 자면서도, 공부하면서도, 수시로 그 친구만 생각하게 돼요.
오매불망이란 바로 그런 마음이에요.
여러분에게는 오매불망 떠오르는 존재가 있나요?

寐 잘 매

활용어휘

- 몽매 : 잠을 자면서 꿈을 꿈. 또는 그 꿈.
- 잠매 : 지하에 숨어 잔다는 뜻으로, 사람의 죽음을 이르는 말.

忘 잊을 망

활용어휘

- 비망록 : 잊지 않으려고 중요한 골자를 적어둔 것. 또는 그런 책자.
- 선망 : 잊어버리기를 잘함.

5月

24日

오늘의 사자성어

수수방관

: 팔짱을 끼고 보고만 있다는 뜻으로,
간섭하거나 거들지 아니하고 그대로 버려둠을 이르는 말.

袖	手	傍	觀
소매 수	손 수	곁 방 옆 방	볼 관

친구와 다툼이 생겼는데 누나가 옆에서 쳐다보기만 해요.
제 편을 들어주면 좋으련만, 멀뚱멀뚱 보기만 해요.
수수방관하지 말고 동생 편 좀 들어주면 어디가 덧나나요?
저도 나중에 누나가 힘들 때 수수방관해 버릴까요?

傍
곁 방
옆 방

활용어휘

- 근방 : 가까운 주변.
- 방조 : 곁에서 도와줌.

觀
볼 관

활용어휘

- 관찰 : 사물이나 현상을 주의하여 자세히 살펴봄.
- 관람 : 연극, 영화, 운동 경기, 미술품 따위를 구경함.

8月

오늘의 사자성어

8日

백골난망

: 죽어서 백골이 되어도 잊을 수 없다는 뜻으로, 남에게 큰 은덕을 입었을 때 고마움의 뜻으로 이르는 말.

白	骨	難	忘
흰 백	뼈 골	어려울 난(란)	잊을 망

우리는 혼자서 살 수 없는 존재예요. 누군가의 도움을 받으며 살아가지요.
눈물이 날 만큼 고마웠던 친구가 혹시 있었나요?
그런 고마운 친구가 있다면 반드시 이렇게 말해주세요.
"친구야, 백골난망이구나!"

활용어휘

- 공백 : 텅 비어서 아무것도 없음.
- 결백 : 깨끗하고 흼. 행동이나 마음씨가 깨끗하고 조촐하여 아무런 허물이 없음.

難
어려울 난(란)

활용어휘

- 재난 : 뜻밖에 일어난 재앙과 고난.
- 난해하다 : 뜻을 이해하기 어렵다. 풀거나 해결하기 어렵다.

5月

25日

오늘의 사자성어

천우신조

: 하늘이 돕고 신령이 도움. 또는 그런 일.

天	佑	神	助
하늘 천	도울 우	귀신 신	도울 조

마침내 최신형 스마트폰이 생겼는데 소중한 그것을 그만 놓치고 말았어요.
바닥에 쿵 하고 떨어지는 순간, 제 심장이 쿵 떨어지는 기분이었지요.
스마트폰을 들어 올리는데, 천우신조입니다.
흠집 하나 나지 않고 깨끗해요. 저는 정말 운이 좋은 사람인가 봐요!

佑
도울 우

활용어휘

- 보우 : 보호하고 도와줌.
- 우계 : 도와서 이루게 함. 도와서 발달시킴.

助
도울 조

활용어휘

- 보조 : 보태어 도움.
- 협조 : 힘을 보태어 도움.

8月

오늘의 사자성어

7日

무용지물

: 쓸모없는 물건이나 사람.

無	用	之	物
없을 무	쓸 용	갈 지 어조사 지	물건 물

여름 방학을 맞아 제주도 여행을 다녀왔어요.
아빠께서 여행 계획을 꼼꼼하게 세워 오셨는데,
비가 너무 많이 오고 바람도 심하게 불어 숙소에만 있어야 했어요.
아빠께서 공들여 짜 오신 계획이 무용지물이 되고 말았어요.

用
쓸 용

활용어휘

- 사용 : 일정한 목적이나 기능에 맞게 씀.
- 활용 : 충분히 잘 이용함.

物
물건 물

활용어휘

- 유물 : 선대의 인류가 후대에 남긴 물건. 고인(故人)이 생전에 사용하다 남긴 물건.
- 박물관 : 오래된 유물이나 문화적, 학술적 의의가 깊은 자료를 수집하여 보관하고 전시하는 곳.

5月

26日

오늘의 속담

원수는 외나무다리에서 만난다

: 정말 만나기 싫은 사람을 피할 수도 없는 좁은 외나무다리에서 만남.

꺼리고 싫어하는 대상을 피할 수 없는 곳에서 공교롭게 만나게 됨을 이르는 말.
악한 일을 하면 반드시 그 벌을 받을 때가 있음을 비유적으로 이르는 말.

비슷한 표현	외나무다리에서 만날 날이 있다.

8月

6日

오늘의 사자성어

전전긍긍

: 몹시 두려워서 벌벌 떨며 조심함.

戰	戰	兢	兢
싸움 전	싸움 전	떨릴 긍	떨릴 긍

형이 학교에서 시험을 봤는데 그 결과가 오늘 나온대요.
공부를 안 했으니 결과가 좋을 리가 없겠지요.
엄마께서 성적을 아시게 될까 봐 전전긍긍하는 형을 보니 안쓰러워요.
그러게, 공부 좀 열심히 하지 그랬어!

戰
싸움 전

활용어휘

- 전투 : 두 편의 군대가 조직적으로 무장하여 싸움.
- 도전 : 정면으로 맞서 싸움을 걺. 어려운 사업이나 기록 경신 따위에 맞섬을 비유적으로 이르는 말.

兢
떨릴 긍

활용어휘

- 긍각 : 두려워하고 삼감.
- 능긍하다 : 몹시 무섭거나 두려워 몸이 벌벌 떨리다.

5月 27日

오늘의 속담

지성이면 감천이다

: 지극한 정성을 보이면 하늘도 감동함.

무슨 일이든지 정성을 다하면 어려운 일도 이룰 수 있다는 말.

비슷한 표현	하늘은 스스로 돕는 자를 돕는다.

바늘 도둑이 소도둑 된다

: 바늘처럼 작은 것을 훔치던 도둑이 나중에는 큰 것도 훔치게 됨.

자그마한 나쁜 일도 자꾸 해서 버릇이 되면 나중에는 큰 죄를 저지르게 된다는 말.

비슷한 표현	바늘 쌈지에서 도둑이 난다. 등겨* 먹던 개가 말경*에는 쌀을 먹는다. 침적대우적(針賊大牛賊) : 바늘 도둑이 소도둑 된다.

* 등겨 : 벗겨 놓은 벼의 껍질.
* 말경 : 사태나 일의 경과에서 마지막에 해당하는 부분이나 기간.

5月

28日

오늘의 사자성어

좌지우지

: 이리저리 제 마음대로 휘두르거나 다룸.

左	之	右	之
왼 좌	갈 지 어조사 지	오른쪽 우	갈 지 어조사 지

제가 좋아하는 친구가 저를 보고 활짝 웃어주면 저도 기분이 좋아져요.
제가 좋아하는 친구가 저에게 인사도 건네지 않으면 우울하고요.
그 친구의 행동에 따라 제 기분도 좌지우지되고 마는데,
저도 이런 제가 좀 웃기긴 해요.

左
왼 좌

활용어휘

- 좌천되다 : 낮은 관직이나 지위로 떨어지거나 외직으로 전근되다.
- 좌향좌 : 바로 서 있는 상태에서 몸을 왼쪽으로 90도 틀어 돌아서라는 구령에 따라 행하는 동작.

활용어휘

- 논지하다 : 의견이나 이론을 조리 있게 말하다. 옳고 그름 따위를 따져 말하다.
- 지동지서(之東之西) : '동쪽으로도 가고 서쪽으로도 간다'는 뜻으로, 뚜렷한 목적 없이 이리저리 갈팡질팡함을 이르는 말.

8月 4日

오늘의 속담

꼬리가 길면 밟힌다

: 꼬리가 길면 밟히듯 잘못된 일을 계속하다 보면 들킴.

나쁜 일을 아무리 남모르게 한다고 해도 오래 두고 여러 번 계속하면 결국에는 들키고 만다는 것을 비유적으로 이르는 말.

비슷한 표현	비장필천(轡長必踐) : 고삐가 길면 밟힌다.

5月

29日

오늘의 사자성어

등고자비

: 높은 곳에 오르려면 낮은 곳에서부터 오른다는 뜻으로,
일을 순서대로 하여야 함을 이르는 말.

登	高	自	卑
오를 등	높을 고	스스로 자	낮을 비

청소 시간, 친구가 대걸레를 빨아 와서는 바닥을 닦으려고 해요.
아직 바닥을 쓸지 않아서 버려진 쓰레기가 너저분한데 말이죠.
친구에게 등고자비를 설명하고, 조금 기다려달라고 했어요.
성격 급한 제 친구는 기다리기 힘들겠지만 말이죠!

登
오를 등

활용어휘

- 등교 : 학생이 학교에 감.
- 등산 : 운동, 놀이, 탐험 따위의 목적으로 산에 오름.

自
스스로 자

활용어휘

- 자연 : 사람의 힘을 더하지 않는 천연 그대로의 상태.
- 자유 : 외부적인 구속이나 무엇에 얽매이지 아니하고 자기 마음대로 함.

8月

오늘의 사자성어

3日

문전성시

: 찾아오는 사람이 많아 집 문 앞이
시장을 이루다시피 함을 이르는 말.

門	前	成	市
문 문	앞 전	이룰 성	저자 시

할머니 댁에 놀러 갔는데 손님이 끊이지 않아요.
나눠주기를 좋아하시는 할머니 성격 덕분인지 찾아오는 사람들이 많았어요.
이렇게 할머니 생신 잔치에 문전성시를 이루는 모습을 보니
할머니께서 실천하고 계신 나눔의 삶을 저도 살아보고 싶어졌어요.

前
앞 전

활용어휘

- 전진 : 앞으로 나아감.
- 전야 : 어젯밤. 특정한 날을 기준으로 그 전날 밤.

市
저자 시

활용어휘

- 시가지 : 도시의 큰 길거리를 이루는 지역.
- 도시 : 일정한 지역의 정치 · 경제 · 문화의 중심이 되는, 사람이 많이 사는 지역.

5月

오늘의 사자성어

30日

새옹지마

: 변방 노인의 말이라는 뜻으로, 인생의 길흉화복은 변화가 많아서 예측하기 어려움을 이르는 말.

塞	翁	之	馬
변방 새 막힐 색	늙은이 옹	갈 지 어조사 지	말 마

옛날 중국 변방에 살던 노인의 말이 달아났다가, 다른 말을 데리고 돌아왔대요.
이렇게 좋은 일과 나쁜 일이 엎치락뒤치락 생긴 데서 새옹지마라는 말이 나왔어요.
인생이란 예측할 수 없어서 좋은 일에 너무 기뻐해서도
나쁜 일에 쉽게 절망해서도 안 되나 봐요.

塞
변방 새
막힐 색

활용어휘

- 요새 : 군사적으로 중요한 곳에 튼튼하게 만들어놓은 방어 시설. 또는 그런 시설을 한 곳.
- 폐색 : 닫혀서 막힘. 또는 닫아서 막음. 겨울에 천지가 얼어붙어 생기가 막힘. 운수가 막힘.

馬
말 마

활용어휘

- 승마 : 말을 탐. 사람이 말을 타고 여러 가지 동작을 함. 또는 그런 경기.
- 준마 : 걸음이 썩 빠른 말.

8月

2日

오늘의 사자성어

등하불명

: 등잔 밑이 어둡다는 뜻으로, 가까이에 있는 물건이나 사람을 잘 찾지 못함을 이르는 말.

燈	下	不	明
등 등	아래 하	아니 불(부)	밝을 명

친구가 아끼는 연필을 잃어버렸다며
갑자기 온 교실을 헤집으면서 소란스럽게 찾고 있는데,
아 글쎄, 친구 책상 밑에 얌전하게 놓여 있는 연필을 발견했지요.
등하불명이라는 말이 딱 어울리네요.

燈
등 등

활용어휘

- 등대 : 항로 표지의 하나. 바닷가나 섬 같은 곳에 탑 모양으로 높이 세워 밤에 다니는 배에 목표, 뱃길, 위험한 곳 따위를 알려주려고 불을 켜 비추는 시설.
- 형광등 : 진공 유리관 속에 수은과 아르곤을 넣고 안쪽 벽에 형광 물질을 바른 방전등.

下
아래 하

활용어휘

- 신하 : 임금을 섬기어 벼슬하는 사람.
- 폄하하다 : 가치를 깎아내리다.

5月

31日

오늘의 사자성어

자가당착

: 같은 사람의 말이나 행동이 앞뒤가
서로 맞지 아니하고 모순됨.

自	家	撞	着
스스로 자	집 가	칠 당	붙을 착

반찬에서 버섯을 골라내는 저를 보며 아빠께서 편식하지 말라셔요.
그러면서 아빠께서는 국에서 파를 골라내고 계시네요.
자가당착이 너무 심하신 것 아닌가요?
아빠께서도 편식하지 말고 팍팍 좀 드세요!

家
집 가

활용어휘

- 귀가 : 집으로 돌아감. 또는 돌아옴.
- 가축 : 집에서 기르는 짐승. 소, 말, 돼지, 닭, 개 따위를 통틀어 이른다.

着
붙을 착

활용어휘

- 애착 : 몹시 사랑하거나 끌리어서 떨어지지 아니함. 또는 그런 마음.
- 흡착 : 달라붙음.

8月

오늘의 사자성어

1日

용호상박

: 용과 범이 서로 싸운다는 뜻으로, 강자끼리 서로 싸움을 이르는 말.

龍	虎	相	搏
용 용(룡)	범 호	서로 상	두드릴 박

우리 반에는 무척 피구를 잘하는 두 친구가 있어요.
오늘 체육 시간에 양 팀으로 나뉘어 서로 공을 던지고 피하고 받는데,
휙휙 날아다니는 공을 보고 있으니 입이 떡 벌어졌어요.
용호상박이라더니 두 친구가 마치 용과 범처럼 겨루네요.

龍
용 용(룡)

활용어휘

- 용안 : 임금의 얼굴을 높여 이르는 말.
- 용꿈 : 꿈속에서 용을 보는 꿈. 이 꿈을 꾸면 좋은 일이 생긴다고 한다.

搏
두드릴 박

활용어휘

- 맥박 : 심장의 박동으로 심장에서 나오는 피가 얇은 피부에 분포되어 있는 동맥의 벽에 닿아서 생기는 주기적인 파동.
- 박동 : 맥이 뜀.

6月

月	火	水	木	金	土	日

8月

月	火	水	木	金	土	日

6月

오늘의 사자성어

1日

기고만장

: 일이 뜻대로 잘될 때, 우쭐하여 뽐내는 기세가 대단함.

氣	高	萬	丈
기운 기	높을 고	일만 만	어른 장

우리 반에는 수학을 무척 잘하는 친구가 있어요.
이 친구에게 모르는 문제를 물어보면 뭐든 다 알려줘요.
친구들이 모두 천재 아니냐고 칭찬하니 기고만장하더라고요.
그럴 만하긴 하지만, 그래도 사람은 겸손할 때 더 멋진 거 아닙니까?

氣
기운 기

활용어휘

- 용기 : 씩씩하고 굳센 기운. 또는 사물을 겁내지 아니하는 기개.
- 대기 : 지구를 둘러싸고 있는 기체의 층. 공기.

高
높을 고

활용어휘

- 최고 : 가장 높음.
- 고급 : 물건이나 시설 따위의 품질이 뛰어나고 값이 비쌈.

7月

31日

오늘의 사자성어

고군분투

: 외로운 군대가 떨쳐 싸운다는 뜻으로, 남의 힘을 받지 않고 벅찬 일을 오롯이 해나가는 것을 비유하는 말.

孤	軍	奮	鬪
외로울 고	군사 군	떨칠 분	싸움 투

동생이 만들기를 하는데 도와주겠다고 하니 스스로 해보겠대요.
고사리 같은 자그마한 손으로 조물조물 오리고 붙이는 모습을 보니 기특해요.
고군분투하는 모습에 머리를 쓰다듬어 주고 싶기도 하지만
그러면 또 엄청나게 잘난 척을 시작하겠죠?

孤
외로울 고

활용어휘

- 고고하다 : 세상일에 초연하여 홀로 고상하다.
- 고립되다 : 다른 사람과 어울리어 사귀지 아니하거나 도움을 받지 못하여 외톨이로 되다.

軍
군사 군

활용어휘

- 관군 : 예전에, 국가에 소속되어 있던 정규 군대.
- 행군 : 여러 사람이 줄을 지어 먼 거리를 이동하는 일. 군대가 대열을 지어 먼 거리를 이동하는 일.

6月 2日

오늘의 속담

소 잃고 외양간 고친다

: 소를 도둑맞은 다음에서야 빈 외양간의 허물어진 데를 고치느라 수선을 떪.

일이 이미 잘못된 뒤에는 손을 써도 소용이 없음을 비꼬는 말.

비슷한 표현	도둑맞고 사립* 고친다. 호미로 막을 것을 가래로 막는다.

* 사립 : 나뭇가지를 엮어서 만든 문짝을 단 문.

7月

오늘의 사자성어

30日

생로병사

: 사람이 나고 늙고 병들고 죽는 네 가지 고통.

生	老	病	死
살 생 날 생	늙을 로(노)	병 병	죽을 사

사람은 누구나 태어나고, 질병에 걸리기도 하고,
조금씩 나이 들어가다가, 결국 언젠가는 모두 죽음을 맞이해요.
생로병사에서 벗어날 수 있는 사람은 아무도 없을 거예요.
세상에는 여러 고통이 있지만 그래도 웃으며 즐겁게 살아봅시다.

老
늙을 로(노)

활용어휘

- 노인 : 나이가 들어 늙은 사람.
- 노련하다 : 많은 경험으로 익숙하고 능란하다.

病
병 병

활용어휘

- 질병 : 몸의 온갖 병.
- 병환 : '병'을 높여 이르는 말.

6月

3日

오늘의 속담

달도 차면 기운다

: 달은 초승달에서 반달을 거쳐 보름달이 되지만 다시 반달, 초승달을 거쳐 그믐달이 됨.

세상의 온갖 것이 한번 번성하면 다시 쇠하기 마련이라는 말.

비슷한 표현

열흘 붉은 꽃이 없다.
그릇도 차면 넘친다.
월영즉식(月盈則食) : 달이 차면 반드시 기운다.

7月 29日

오늘의 속담

가랑비에 옷 젖는 줄 모른다

: 조금씩 가늘게 내리는 비에 미처 옷이 젖는 줄 모름.

아무리 사소한 것이라도 그것이 거듭되면
무시하지 못할 정도로 크게 됨을 비유적으로 이르는 말.

비슷한 표현	낙숫물*이 댓돌*을 뚫는다.

* 낙숫물 : 처마 끝에서 떨어지는 물.
* 댓돌 : 집채의 낙숫물이 떨어지는 곳 안쪽으로 돌려가며 놓은 돌.

6月

4日

오늘의 사자성어

누란지위

: 층층이 쌓아놓은 알의 위태로움이라는 뜻으로, 몹시 아슬아슬한 위기를 비유적으로 이르는 말.

累	卵	之	危
묶을 누(루)	알 란	갈 지 어조사 지	위태할 위

아빠께서 그제도 늦게 들어오시고 어제도 늦게 들어오셨는데,
아 글쎄, 오늘은 더 많이 늦으셨어요.
집 안의 공기가 싸늘한 것이 엄마의 표정이 예사롭지 않네요.
지금이 바로 누란지위의 상황이라는 걸 아빠께서는 아실까요?

累
묶을 누(루)

활용어휘

- 누적 : 포개어 여러 번 쌓음. 또는 포개져 여러 번 쌓임.
- 연루되다 : 남이 저지른 범죄에 연관이 되다.

危
위태할 위

활용어휘

- 위급 : 몹시 위태롭고 급함.
- 위기 : 위험한 고비나 시기.

7月 28日

오늘의 속담

하나를 알면 백을 안다

: 한 가지를 알게 되면 미루어 짐작하여 백 가지를 알아냄.

일부만 보고도 전체를 미루어 안다는 말.

비슷한 표현	하나를 부르면 열을 짚는다. 하나를 보고도 열 백을 헤아리다. 문일지십(聞一知十) : 하나를 듣고 열 가지를 미루어 안다는 뜻으로, 지극히 총명함을 이르는 말.

6月

5日

오늘의 사자성어

역지사지

: 처지를 바꾸어서 생각하여 봄.

易	地	思	之
바꿀 역 쉬울 이	땅 지	생각 사	갈 지 어조사 지

교실에서 친구끼리 서로 놀리는 아이들이 많아지고 있어요.
선생님께서는 입장을 바꿔 그런 말을 들으면 기분이 좋겠냐고 물으시지요.
선생님 말씀처럼 서로 역지사지하는 마음을 갖는다면
교실에서 친구들끼리 싸울 일이 줄어들 것 같아요.

易
바꿀 역
쉬울 이

활용어휘

- 무역 : 지방과 지방 사이에 서로 물건을 사고팔거나 교환하는 일. 나라와 나라 사이에 서로 물품을 매매하는 일.
- 용이하다 : 어렵지 아니하고 매우 쉽다.

思
생각 사

활용어휘

- 사고하다 : 생각하고 궁리하다.
- 사색 : 어떤 것에 대하여 깊이 생각하고 이치를 따짐.

7月

27日

오늘의 사자성어

구사일생

: 아홉 번 죽을 뻔하다 한 번 살아난다는 뜻으로,
죽을 고비를 여러 차례 넘기고 겨우 살아남을 이르는 말.

九	死	一	生
아홉 구	죽을 사	한 일	살 생 날 생

지각한 친구가 오는 길에 교통사고가 날 뻔했대요.
겨우 자동차를 피해서 오는데, 하수구 구멍에 빠질 뻔했다는 거예요.
그런데 또, 운동장에서는 날아오는 축구공에 머리를 맞을 뻔했다는군요.
구사일생으로 학교에 도착했다는데, 믿어야 되겠죠?

九
아홉 구

활용어휘

- 구천 : 땅속 깊은 밑바닥이란 뜻으로, 죽은 뒤에 넋이 돌아가는 곳을 이르는 말.
- 구중 : 겹겹이 문으로 막은 깊은 궁궐이라는 뜻으로, 임금이 있는 대궐 안을 이르는 말.

生
살 생
날 생

활용어휘

- 생일 : 세상에 태어난 날. 또는 태어난 날을 기념하는 해마다의 그날.
- 생명 : 사람과 동식물 같은 생물이 살아서 숨 쉬고 활동할 수 있게 하는 힘.

6月

오늘의 사자성어

6日

파죽지세

: 대를 쪼개는 기세라는 뜻으로, 적을 거침없이 물리치고 쳐들어가는 기세를 이르는 말.

破	竹	之	勢
깨뜨릴 파	대나무 죽	갈 지 어조사 지	형세 세

우리나라 사람들이 가장 존경하는 이순신 장군 알죠?
지금 생각해도 파죽지세로 거북선을 몰고 적군을 물리치는 모습은 너무 짜릿해요!
이런 분들 덕분에 지금의 대한민국이 있는 거랍니다.
그분들께 감사하는 마음으로 오늘 현충일에 조기를 게양해야겠어요.

破
깨뜨릴 파

활용어휘

- 파탄 : 찢어져 터짐. 일이나 계획 따위가 원만하게 진행되지 못하고 중도에서 어긋나 깨짐.
- 돌파하다 : 쳐서 깨뜨려 뚫고 나아가다. 일정한 기준이나 기록 따위를 지나서 넘어서다.

勢
형세 세

활용어휘

- 추세 : 어떤 현상이 일정한 방향으로 나아가는 경향.
- 위세 : 사람을 두렵게 하여 복종하게 하는 힘. 위엄이 있거나 맹렬한 기세.

7月

26日

오늘의 사자성어

적반하장

: 도둑이 도리어 매를 든다는 뜻으로, 잘못한 사람이 아무 잘못도 없는 사람을 나무람을 이르는 말.

賊	反	荷	杖
도둑 적	돌이킬 반	꾸짖을 하 멜 하	지팡이 장

토요일 아침, 가족 여행을 떠나려는데 우리 차 앞을 다른 차가 막고 있었어요.
아빠께서 차를 좀 빼달라고 전화를 했더니, 아침부터 잠을 깨운다면서 화를 내시더래요.
아니, 주차하면 안 되는 곳에 차를 댄 사람이 잘못 아닌가요?
적반하장도 유분수지!

賊
도둑 적

활용어휘

- 도적 : 남의 물건을 훔치거나 빼앗는 따위의 나쁜 짓. 또는 그런 짓을 하는 사람.
- 역적 : 자기 나라나 민족, 통치자를 반역한 사람.

荷
꾸짖을 하
멜 하

활용어휘

- 집하 : 농산물이나 수산물 따위를 여러 지역에서 시장 따위의 한곳으로 모음. 또는 그 산물.
- 출하 : 짐이나 상품 따위를 내어보냄. 생산자가 생산품을 시장으로 내어보냄.

6月

7日

오늘의 사자성어

회자정리

: 만난 자는 반드시 헤어진다는 뜻으로,
모든 것이 무상함을 이르는 말.

會	者	定	離
모일 회	사람 자	정할 정	떠날 리(이)

옆집에 사는 가족과 무척 친하게 지냈어요.
맛있는 것은 나누어 먹고, 주말이면 같이 여행도 가며 친밀하게 지냈는데
아쉽게도 그 가족이 멀리 이사 간대요.
사람 사이는 회자정리라고 하지만, 서운한 마음을 감출 수가 없네요.

定
정할 정

활용어휘

- 결정 : 행동이나 태도를 분명하게 정함. 또는 그렇게 정해진 내용.
- 긍정 : 그러하다고 생각하여 옳다고 인정함.

離
떠날 리(이)

활용어휘

- 거리 : 두 개의 물건이나 장소 따위가 공간적으로 떨어진 길이.
- 이별 : 서로 갈리어 떨어짐.

7月

25日

오늘의 사자성어

호시탐탐

: 호랑이가 눈을 부릅뜨고 먹이를 노려본다는 뜻으로, 공격이나 침략의 기회를 노리는 모양.

虎	視	眈	眈
범 호	볼 시	노려볼 탐	노려볼 탐

우리 강아지는 제가 뭘 먹기만 하면 그걸 좀 얻어먹고 싶어서 호시탐탐 기회를 노리곤 해요. 저는 그 모습이 재미있어서 간식을 먹을 때마다 강아지가 저를 잘 볼 수 있을 만한 곳에서 맛있게 먹곤 하죠.

虎 범 호

활용어휘

- 호환 : 호랑이에게 당하는 화.
- 맹호 : 사나운 범.

視 볼 시

활용어휘

- 무시 : 사물의 존재 의의나 가치를 알아주지 아니함. 사람을 깔보거나 업신여김.
- 시청 : 눈으로 보고 귀로 들음.

6月

8日

오늘의 사자성어

대동소이

: 큰 차이 없이 거의 같음.

大	同	小	異
클 대	한가지 동	작을 소	다를 이(리)

국어 시간, 책을 읽고 이어질 이야기를 상상하여 발표하는 시간이었어요.
제가 첫 번째로 발표를 했지요.
다음 친구가 발표하는데 제가 말한 내용과 큰 차이가 없었어요.
선생님께서도 우리 둘의 이야기가 대동소이하다고 하셨어요.

大
클 대

활용어휘

- 대운 : 아주 좋은 운수.
- 대관절 : 여러 말 할 것 없이 요점만 말하건대. 주로 의문을 나타내는 말과 함께 쓴다.

異
다를 이(리)

활용어휘

- 변이 : 같은 종에서 성별, 나이와 관계없이 모양과 성질이 다른 개체가 존재하는 현상.
- 이상 : 정상적인 상태와 다름.

7月

오늘의 사자성어

24日

인지상정

: 사람이면 누구나 가지는 보통의 마음.

人	之	常	情
사람 인	갈 지 어조사 지	떳떳할 상 항상 상	뜻 정

무거운 짐을 들고 가시는 할머니를 본다면 그 짐을 들어드리는 것이 인지상정,
길에서 지갑을 주웠다면 경찰서에 신고하는 것이 인지상정,
미안한 일이 있다면 사과하는 것이 인지상정,
사람 사는 세상에서는 인지상정을 지녀야지요.

常
떳떳할 상
항상 상

활용어휘

- 일상 : 날마다 반복되는 생활.
- 수상하다 : 보통과는 달리 이상하여 의심스럽다.

情
뜻 정

활용어휘

- 동정 : 남의 어려운 처지를 자기 일처럼 딱하고 가엾게 여김.
- 정황 : 일의 사정과 상황. 인정상 딱한 처지에 있는 상황.

꿩 먹고 알 먹기

: 꿩은 소리에 예민하여 잡기 어려운데 알을 품고 있을 때는 잘 도망가지 않아 둘 다 얻게 됨.

한 가지 일을 하여 두 가지 이상의 이익을 얻는다는 말.

비슷한 표현

굿 보고 떡 먹기.
도랑 치고 가재 잡는다.
일석이조(一石二鳥) : 동시에 두 가지 이득을 봄을 이르는 말.

7月

오늘의 사자성어

23日

포복절도

: 배를 안고 몸을 가누지 못할 정도로 몹시 웃음.

抱	腹	絕	倒
안을 포	배 복	끊을 절	넘어질 도

친구가 어제 본 예능 프로그램 이야기를 해주었어요.
너무 웃겨서 포복절도해 버렸어요.
얼마나 크게 웃었는지 배가 아프고 눈물이 나기도 했고요.
사람들을 웃길 수 있는 건 참 대단한 재능인 것 같아요.

抱
안을 포

활용어휘

- 포옹 : 사람을 또는 사람끼리 품에 껴안음.
- 포부 : 마음속에 지니고 있는, 미래에 대한 계획이나 희망.

腹
배 복

활용어휘

- 복부 : 배의 부분. 갈비뼈의 가장자리와 볼기뼈 사이를 이른다.
- 복통 : 복부에 일어나는 통증을 통틀어 이르는 말.

6月

10日

오늘의 속담

병 주고 약 준다

: 병에 걸릴 만한 원인을 제공해 놓고 치료하는 약도 준다고 함.

남을 해치고 나서 약을 주며 그를 구원하는 체한다는 뜻으로,
교활하고 음흉한 자의 행동을 비유적으로 이르는 말.

비슷한 표현	등치고 배 문지르다. 권상요목(勸上搖木) : 나무에 오르게 하고 흔들다.

7月 22日

오늘의 속담

제 꾀에 제가 넘어간다

: 자기가 만들어낸 꾀 때문에 오히려 자기가 일을 당함.

꾀를 내어 남을 속이려다 도리어 자기가 그 꾀에 당하게 됨을 이르는 말.

비슷한 표현	제 도끼에 제 발등 찍힌다. 자승자박(自繩自縛) : 자신의 말과 행동으로 자신이 곤란하게 됨.

6月

11日

오늘의 사자성어

마이동풍

: 동풍이 말의 귀를 스쳐 간다는 뜻으로, 남의 말을 귀담아듣지 아니하고 지나쳐 흘려버림을 이르는 말.

馬	耳	東	風
말 마	귀 이	동녘 동	바람 풍

동생은 게임을 하면 꼭 이길 때까지 하려고 하고, 지면 울고불고 짜증을 냅니다.
친구들과 놀 때도 매사에 그런 식이라면
친구들이 너와 놀고 싶어 하지 않을 거라고 충고를 해주었는데요,
동생은 들은 체 만 체 마이동풍처럼 딴 데만 쳐다봐요.

耳
귀 이

활용어휘

- 이목구비 : 귀·눈·입·코를 아울러 이르는 말. 또는 귀·눈·입·코를 중심으로 한 얼굴의 생김새.
- 이비인후과 : 귀, 코, 목구멍, 기관, 식도의 병을 전문적으로 치료하는 의학 분야.

東
동녘 동

활용어휘

- 동방 : 동쪽. 동쪽 지방.
- 동대문 : 서울 동쪽의 큰 성문(흥인지문).

7月 21日

오늘의 속담

평안 감사* 도 저 싫으면 그만이다

: 높고 좋은 벼슬이라도 자기가 싫으면 하지 않음.

아무리 좋은 일이라도 당사자의 마음이 내키지 않으면
억지로 시킬 수 없음을 비유적으로 이르는 말.

비슷한 표현	돈피에 잣죽도 저 싫으면 그만이다.

* 평안 감사 : 평안은 조선 시대 팔도 중 평안도를 뜻하며, 감사는 도의 으뜸이 되는 벼슬이다.

6月

12日

오늘의 사자성어

진퇴양난

: 이러지도 저러지도 못하는 어려운 처지.

進	退	兩	難
나아갈 진	물러날 퇴	두 양(량)	어려울 난

평소 좋아하던 친구가 오늘 학교 끝나고 같이 집에 가자고 말했어요.
그런데 진짜 친한 친구가 같이 축구를 하고 집에 가재요.
저는 어떻게 해야 할까요?
아휴, 진퇴양난에 빠졌어요.

進
나아갈 진

활용어휘

- 매진 : 어떤 일을 전심전력을 다하여 해나감.
- 정진 : 힘써 나아감.

退
물러날 퇴

활용어휘

- 퇴근 : 일터에서 근무를 마치고 돌아가거나 돌아옴.
- 쇠퇴 : 기세나 상태가 쇠하여 전보다 못하여감.

7月

20日

오늘의 사자성어

일심동체

: 한마음 한 몸이라는 뜻으로, 서로 굳게 결합함을 이르는 말.

一	心	同	體
한 일	마음 심	한가지 동	몸 체

운동회 날, 청팀과 백팀으로 나뉘어 줄다리기 경기를 해요.
여럿이서 하나의 줄을 잡고 당기는 줄다리기.
같은 팀끼리 일심동체가 되어 힘껏 줄을 당겨야만 이길 수 있어요.
자, 우리 모두 마음을 하나로 모아보자, 파이팅!

同
한가지 동

활용어휘

- 동시다발 : 같은 시기에 여러 가지가 발생함.
- 공동체 : 생활이나 행동 또는 목적 따위를 같이하는 집단.

體
몸 체

활용어휘

- 매체 : 어떤 작용을 한쪽에서 다른 쪽으로 전달하는 역할을 하는 것.
- 체험 : 자기가 몸소 겪음. 또는 그런 경험.

6月

13日

오늘의 사자성어

와신상담

: 섶에 눕고 쓸개를 씹는다는 뜻으로, 뜻을 이루기 위해 어려움을 참고 견딤을 비유적으로 이르는 말.

臥	薪	嘗	膽
누울 와	섶 신	맛볼 상	쓸개 담

달리기 시합에서 이긴 친구가 저보고 느리다며 무시하네요.
다음에는 꼭 이기리라는 마음으로 피나는 노력을 했어요.
새벽마다 운동하고, 밤늦게까지도 연습했지요.
앞으로도 와신상담하며 이를 악물고 계속 노력할 거예요.

臥
누울 와

활용어휘

- 와병 : 병으로 자리에 누움. 또는 병을 앓고 있음.
- 와식 : 일을 하지 않고 놀고먹음.

膽
쓸개 담

활용어휘

- 담대 : 겁이 없고 배짱이 두둑함.
- 낙담 : 바라던 일이 뜻대로 되지 않아 마음이 몹시 상함.

7月

오늘의 사자성어

19日

속수무책

: 손을 묶은 것처럼 어찌할 도리가 없어 꼼짝 못 함.

束	手	無	策
묶을 속	손 수	없을 무	꾀 책

친구들과 피구 시합을 하는데, 상대편에 피구를 너무도 잘하는 친구가 있었어요.
속수무책으로 우리 편이 지고 말았지요.
다음번에는 그 친구와 같은 편이 되고 싶어졌답니다.
그렇게 될 수 있다면 피구 우승은 따놓은 당상일 텐데.

束 묶을 속

활용어휘

- 구속 : 행동이나 의사의 자유를 제한하거나 속박함.
- 약속 : 다른 사람과 앞으로의 일을 어떻게 할 것인가를 미리 정하여둠. 또는 그렇게 정한 내용.

手 손 수

활용어휘

- 수단 : 어떤 목적을 이루기 위한 방법. 또는 그 도구.
- 수건 : 얼굴이나 몸을 닦기 위하여 만든 천 조각. 주로 면으로 만든다.

6月

14日

오늘의 사자성어

경거망동

: 경솔하여 생각 없이 망령되게 행동함. 또는 그런 행동.

輕	擧	妄	動
가벼울 경	들 거	망령될 망 허망할 망	움직일 동

우리 집에 갑자기 중요한 손님께서 오신다고 하네요.
거실에서 텔레비전을 보고 싶기도 하고, 장난감을 펼쳐 놀고도 싶은데,
그런 제 맘을 어떻게 아신 건지 엄마께서 저더러
제발 오늘은 경거망동하지 말고, 얌전히 앉아 있어달라고 부탁하시네요.

輕
가벼울 경

활용어휘

- 경솔 : 말이나 행동이 조심성 없이 가벼움.
- 경박하다 : 언행이 신중하지 못하고 가볍다.

動
움직일 동

활용어휘

- 동작 : 몸이나 손발 따위를 움직임. 또는 그런 모양.
- 파동 : 물결의 움직임. 사회적으로 어떤 현상이 퍼져 주위에 그 영향이 미치는 일.

7月

18日

오늘의 사자성어

막상막하

: 더 낫고 더 못함의 차이가 거의 없음.

莫	上	莫	下
없을 막	윗 상	없을 막	아래 하

친구 둘이 그린 그림을 가지고 와서 누가 더 잘 그렸는지 판단해 달라고 해요.
제가 언뜻 보기에는 둘 다 정말 잘 그렸는데, 어쩌죠?
막상막하라서 둘 다 잘 그렸다고 칭찬해 주고 싶은데,
꼭 한 명을 골라달라고 해서 난감한 내 마음.

莫
없을 막

활용어휘

- 삭막하다 : 쓸쓸하고 막막하다.
- 후회막심 : 더할 나위 없이 후회스러움.

上
윗 상

활용어휘

- 세상 : 사람이 살고 있는 모든 사회를 통틀어 이르는 말.
- 최상 : 높이, 수준, 등급, 정도 따위의 맨 위.

6月

15日

오늘의 사자성어

산전수전

: 산에서도 싸우고 물에서도 싸웠다는 뜻으로,
세상의 온갖 고생과 어려움을 다 겪었음을 이르는 말.

山	戰	水	戰
메 산	싸움 전	물 수	싸움 전

할아버지께서 건강이 나빠지셔서 가족들이 모두 걱정하고 있어요.
하지만 할아버지께서는 산전수전 다 겪어보셨다며
이 정도 아픈 것은 아무것도 아니라 하셔요.
할아버지께서 하루빨리 건강해지시면 좋겠습니다.

山 메 산

활용어휘

- 화산 : 땅속에 있는 가스, 마그마 따위가 지각의 터진 틈을 통하여 지표로 분출하는 지점. 또는 그 결과로 생기는 구조.
- 산림 : 산과 숲. 또는 산에 있는 숲.

水 물 수

활용어휘

- 침수 : 물에 잠기는 일.
- 담수 : 짠맛이 없는 맑은 물. 민물.

7月

17日

오늘의 사자성어

천방지축

: 못난 사람이 종잡을 수 없이 덤벙이는 일,
또는 너무 급하여 허둥지둥 함부로 날 뛰는 모양을 이르는 말.

天	方	地	軸
하늘 천	모 방	땅 지	굴대 축

저희 가족의 반려동물인 강아지 녀석은 무척이나 활동적이에요.
산책을 나갈 땐 어디로 튈지 몰라 긴장을 늦추지 말고 목줄을 꽉 잡고 있어야 해요.
이렇게 천방지축 돌아다니는 녀석이긴 하지만
제 눈에는 세상 그 무엇보다 사랑스럽답니다.

方
모 방

활용어휘

• 방향 : 어떤 뜻이나 현상이 일정한 목표를 향하여 나아가는 쪽.
• 방침 : 앞으로 일을 치러나갈 방향과 계획.

軸
굴대 축

활용어휘

• 주축 : 전체 가운데서 중심이 되어 영향을 미치는 존재나 세력.
• 회전축 : 공작 기계에서, 공작물 또는 연장을 회전시키기 위한 축.

16日

오늘의 속담

마파람*에 게 눈 감추듯

: 마파람이 불면 비가 오고 게는 비 올 위험을 느끼면 튀어나온 눈을 재빠르게 감춤.

음식을 어느 결에 먹었는지 모를 만큼 빨리 먹어버리는 모양을 비유적으로 이르는 말.

비슷한 표현	두꺼비 파리 잡아먹듯. 사냥개 언 똥 들어먹듯.

* 마파람 : '남풍'을 뜻하며, 주로 뱃사람들이 쓰는 말이다.

7月

16日

오늘의 사자성어

파렴치한

: 체면이나 부끄러움을 모르는 뻔뻔스러운 사람.

破	廉	恥	漢
깨트릴 파	청렴할 렴(염)	부끄러울 치	한수 한

편의점에서 물건을 계산하지 않고 슬쩍 가져가는 사람을 봤어요.
그런데 주인에게 발각되자, 자신을 도둑으로 본다며 되레 화를 내는 거예요.
정말 파렴치한이더라고요.

破
깨트릴 파

활용어휘

- 파괴 : 때려 부수거나 깨뜨려 헐어버림. 조직, 질서, 관계 따위를 와해하거나 무너뜨림.
- 격파 : 단단한 물체를 손이나 발 따위로 쳐서 깨뜨림.

恥
부끄러울 치

활용어휘

- 수치 : 다른 사람들을 볼 낯이 없거나 스스로 떳떳하지 못함. 또는 그런 일.
- 치욕 : 수치와 모욕을 아울러 이르는 말.

6月 17日

오늘의 속담

방귀 뀐 놈이 성낸다

: 방귀를 뀌면 주변 사람들에게 사과를 해야 하는데 오히려 화를 냄.

잘못을 저지른 쪽에서 오히려 남에게 성냄을 비꼬는 말.

비슷한 표현	똥싸고 성낸다. 적반하장(賊反荷杖) : 잘못한 사람이 아무 잘못도 없는 사람을 나무람을 이르는 말.

윗물이 맑아야 아랫물이 맑다

: 물이 위에서부터 맑아야 아래까지 맑고,
위에서 흙탕물이면 아래까지도 흙탕물이 됨.

윗사람이 잘하면 아랫사람도 따라서 잘하게 된다는 말.

비슷한 표현	정수리에 부은 물이 발뒤꿈치까지 흐른다. 상행하효(上行下效) : 윗사람이 하는 말과 행동을 아랫사람이 본받음.

6月

18日

오늘의 사자성어

이이제이

**: 오랑캐로 오랑캐를 무찌른다는 뜻으로,
한 세력을 이용하여 다른 세력을 제어함을 이르는 말.**

以	夷	制	夷
써 이	오랑캐 이	절제할 제	오랑캐 이

옛날 중국 본토 국가들이 주변 국가들을 다스릴 때는
이이제이의 방법을 사용했대요.
그 많은 나라를 어떻게 다 통치할 수 있었을까 궁금했는데,
역시 이런 기막힌 방법이 있었던 거군요!

以
써 이

활용어휘

- 이전 : 이제보다 전. 기준이 되는 때를 포함하여 그보다 앞.
- 이왕 : 앞에서 이미 이야기한 만큼의 시간적 길이. 또는 다시 만나거나 연락하기 이전의 일정한 기간 동안.

制
절제할 제

활용어휘

- 통제 : 일정한 방침이나 목적에 따라 행위를 제한하거나 제약함.
- 절제 : 정도에 넘지 아니하도록 알맞게 조절하여 제한함.

7月 14日

오늘의 속담

싼 것이 비지떡*

: 싼값으로 산 떡은 두부를 만들고 남은 찌꺼기로 만든 비지떡이라 맛이 없음.

값이 싼 물건은 품질도 그만큼 나쁘게 마련이라는 말.

비슷한 표현	값싼 것이 갈치자반.

* 비지떡 : 두부를 만들고 남은 찌꺼기에 쌀가루나 밀가루를 넣고 반죽하여 둥글넓적하게 부친 떡.

6月

19日

오늘의 사자성어

혈혈단신

: 의지할 곳이 없는 외로운 홀몸.

孑	孑	單	身
외로울 혈	외로울 혈	홑 단	몸 신

아빠께서는 대학에 다니기 위해 혼자 시골 고향을 떠나 서울에서 사셨대요. 혈혈단신 지냈던 그때는 많이 외로웠다고 말씀하신 적이 있어요. 의지할 곳 없이 쓸쓸히 지내셨다니, 정말 힘드셨을 것 같아요. 지금은 우리가 이렇게 함께니까 하나도 외롭지 않으시죠?

單 홑 단

활용어휘

- 단위 : 길이, 무게, 수효, 시간 따위의 수량을 수치로 나타낼 때 기초가 되는 일정한 기준.
- 단순하다 : 복잡하지 않고 간단하다.

身 몸 신

활용어휘

- 신분 : 개인의 사회적인 위치나 계급.
- 당신 : 듣는 이를 가리키는 이인칭 대명사. 부부 사이에서, 상대편을 높여 이르는 이인칭 대명사.

7月

13日

오늘의 사자성어

수주대토

: 한 가지 일에만 얽매여 발전을 모르는
어리석은 사람을 비유적으로 이르는 말.

守	株	待	兔
지킬 수	그루 주	기다릴 대	토끼 토

나무 그루터기와 부딪쳐 죽은 토끼를 우연히 잡은 한 농부가
그 후에도 그와 같이 토끼를 잡을 수 있지 않을까 하여
나무 그루터기에서 기다리기만 했다는 수주대토라는 말이 있어요.
하지만 그런 일이 얼마나 자주 있을까요? 참 어리석은 사람이지요.

守
지킬 수

활용어휘

- 준수 : 전례나 규칙, 명령 따위를 그대로 좇아서 지킴.
- 수호 : 지키고 보호함.

株
그루 주

활용어휘

- 균주 : 순수하게 분리하여 배양한 세균이나 균류.
- 주주 : 주식을 가지고 직접 또는 간접으로 회사 경영에 참여하고 있는 개인이나 법인.

6月

오늘의 사자성어

20日

청렴결백

: 마음이 맑고 깨끗하며 탐욕이 없음.

淸	廉	潔	白
맑을 청	청렴할 렴(염)	깨끗할 결	흰 백

우리 동네에 새로운 국회의원이 당선됐어요.
청렴결백하기로 소문이 자자했던 분이래요.
새로운 국회의원을 뽑고 나서, 지역 주민 모두가 큰 기대를 하고 있어요.

淸
맑을 청

활용어휘

- 청명하다 : 날씨가 맑고 밝다.
- 청정 : 맑고 깨끗함.

廉
청렴할 렴(염)

활용어휘

- 염치 : 체면을 차릴 줄 알며 부끄러움을 아는 마음.
- 염탐 : 몰래 남의 사정을 살피고 조사함.

7月

12日

오늘의 사자성어

독불장군

: 무슨 일이든 자기 생각대로 혼자서 처리하는 사람.

獨	不	將	軍
홀로 독	아니 불(부)	장수 장	군사 군

모둠 활동을 하는데 꼭 자기 마음대로만 하려는 친구가 있지요?
자기 말이 정답이고, 자기 생각만 옳다고 주장하는 친구 말이에요.
솔직히 독불장군 같은 친구와는 다시는 같은 모둠이 되고 싶지 않아요.

獨
홀로 독

활용어휘

- 독립 : 다른 것에 예속하거나 의존하지 아니하는 상태로 됨.
- 고독 : 세상에 홀로 떨어져 있는 듯이 매우 외롭고 쓸쓸함.

將
장수 장

활용어휘

- 대장 : 한 무리의 우두머리.
- 장래 : 다가올 앞날. 앞으로의 가능성이나 전망.

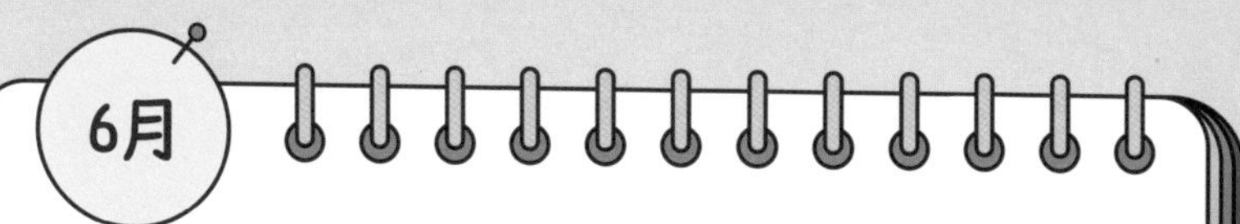

21日

오늘의 사자성어

표리부동

: 겉으로 드러나는 언행과 속으로 가지는 생각이 다름.

表	裏	不	同
겉 표	속 리(이)	아닐 부(불)	한가지 동

친하다고 생각해 온 친구가 있는데,
어느 날 그 친구가 화장실에서 저에 대해 흉보는 걸 들었어요.
앞에서는 웃으면서 저를 챙겨주던 친구가 속으로는 저를 나쁘게 생각하고 있었다니.
표리부동한 친구 모습에 너무 실망했습니다.

表 겉 표

활용어휘

- 표정 : 마음속에 품은 감정이나 정서 따위의 심리 상태가 겉으로 드러남. 또는 그런 모습.
- 발표 : 어떤 사실이나 결과, 작품 따위를 세상에 널리 드러내어 알림.

裏 속 리(이)

활용어휘

- 이면 : 물체의 뒤쪽 면. 겉으로 나타나거나 눈에 보이지 않는 부분.
- 뇌리 : 사람의 의식이나 기억, 생각 따위가 들어 있는 영역.

7月

오늘의 사자성어

11日

감언이설

: 귀가 솔깃하도록 남의 비위를 맞추거나
이로운 조건을 내세워 꾀는 말.

甘	言	利	說
달 감	말씀 언	이로울 이(리)	말씀 설

열심히 공부하기로 다짐했는데 친구가 자꾸 같이 놀자고 해요.
놀고 싶은 유혹을 뿌리치고 하던 숙제를 마저 하려는데,
제일 좋아하는 아이스크림을 사주겠다는 감언이설을 하네요.
저, 어떡하죠? 잠깐만 나갔다 와도 괜찮겠죠?

言
말씀 언

활용어휘

- 언어 : 생각, 느낌 따위를 나타내거나 전달하는 데에 쓰는 음성, 문자.
- 발언 : 말을 꺼내어 의견을 나타냄. 또는 그 말.

利
이로울 이(리)

활용어휘

- 이윤 : 장사 따위를 하여 남은 돈.
- 권리 : 권세와 이익. 어떤 일을 행하거나 타인에 대하여 당연히 요구할 수 있는 힘이나 자격.

6月

오늘의 사자성어

22日

자포자기

: 절망에 빠져 스스로 자신을 포기하고 돌아보지 아니함.

自	暴	自	棄
스스로 자	사나울 포 사나울 폭	스스로 자	버릴 기

다이어트를 하신다는 엄마께서 저녁 식사를 하시곤, 디저트로 케이크까지 드세요.
아무리 해도 살이 안 빠진다고 "에라, 모르겠다" 하며 그냥 드시네요.
그렇게 쉽게 자포자기하지 마세요.
엄마는 하실 수 있어요!

暴 사나울 포 사나울 폭

활용어휘

- 횡포 : 제멋대로 굴며 몹시 난폭함.
- 폭로 : 알려지지 않았거나 감춰져 있던 사실을 드러냄. 흔히 나쁜 일이나 음모 따위를 사람들에게 알리는 일을 이른다.

棄 버릴 기

활용어휘

- 포기 : 하려던 일을 도중에 그만두어 버림.
- 기권 : 투표, 의결, 경기 따위에 참가할 수 있는 권리를 스스로 포기하고 행사하지 아니함.

7月

10日

오늘의 사자성어

명실상부

: 이름과 실상이 서로 꼭 맞음.

名	實	相	符
이름 명	열매 실	서로 상	부호 부

옆 학교와의 축구 시합에서 우리 학교가 이겼어요.
옆 학교에 축구를 잘하는 아이가 있긴 했지만
우리 학교에도 축구를 정말 잘하는 친구가 있거든요.
명실상부 '작은 손흥민'으로 불리는 내 친구, 자랑스럽다!

實
열매 실

활용어휘

- 진실 : 거짓이 없는 사실.
- 실적 : 실제로 이룬 업적이나 공적.

符
부호 부

활용어휘

- 부호 : 일정한 뜻을 나타내기 위하여 정한 기호.
- 부합하다 : 사물이나 현상이 서로 꼭 들어맞다.

뛰는 놈 위에 나는 놈 있다

: 뛰는 사람은 걷는 사람보다 빠르지만 그보다 더 빠른 사람도 있음.

아무리 재주가 뛰어나다 하더라도 그보다 더 뛰어난 사람이 있다는 뜻으로, 스스로 뽐내는 사람을 경계하여 이르는 말.

비슷한 표현

기는 놈 위에 나는 놈 있다.
파리 위에 날라리* 있다.

* 날라리 : '나나니'의 방언. 나나니는 구멍벌과에 속한 곤충으로, 다른 벌레의 애벌레를 잡아서 유충의 먹이로 삼는다.

7月

오늘의 사자성어

9日

진퇴유곡

: 이러지도 저러지도 못하고 꼼짝할 수 없는 궁지.

進	退	維	谷
나아갈 진	물러날 퇴	벼리 유 구석 유	골 곡

부모님께서 다투셨는데 저에게 누구 편을 들어줄 것인지 물으세요.
아빠 편을 들면 아빠께서, 엄마 편을 들면 엄마께서 서운해하실 텐데
누구의 편에 설 수 있겠어요?
이런 진퇴유곡의 상황에서는 중립을 지키는 게 가장 현명한 방법일 것 같아요.

維
벼리 유
구석 유

활용어휘

- 유지 : 어떤 상태나 상황을 그대로 보존하거나 변함없이 계속하여 지탱함.
- 섬유 : 생물체의 몸을 이루는, 가늘고 긴 실 모양의 물질. 또는 그것으로 만든 직물.

谷
골 곡

활용어휘

- 심곡 : 깊은 골짜기.
- 협곡 : 험하고 좁은 골짜기.

6月 24日

오늘의 속담

불난 집에 부채질한다

: 불이 난 곳에 부채질을 하여 바람 때문에 불길이 더 크게 번짐.

남의 재앙을 점점 더 커지도록 만들거나
성난 사람을 더욱 성나게 함을 비유적으로 이르는 말.

비슷한 표현

끓는 국에 국자 휘젓는다.
불난 집에 키* 들고 간다.

* 키 : 곡식 따위를 까불러 쭉정이나 티끌을 골라내는 도구.

7月 8日

오늘의 속담

다 된 죽에 코 풀기

: 완성되어 가는 죽에 코를 풀어 먹지 못하게 함.

거의 다 된 일을 망쳐버리는 주책없는 행동을 비유적으로 이르는 말.
남의 다 된 일을 악랄한 방법으로 방해하는 것을 비유적으로 이르는 말.

비슷한 표현	다 된 밥에 재 뿌리기. 잘되는 밥 가마에 재를 넣는다.

6月

25日

오늘의 사자성어

우이독경

: 쇠귀에 경 읽기라는 뜻으로, 아무리 가르치고 일러주어도 알아듣지 못함을 이르는 말.

牛	耳	讀	經
소 우	귀 이	읽을 독	글 경 지날 경

재활용 쓰레기를 버릴 때,
플라스틱병은 물로 헹구어 이물질을 제거하고 라벨을 떼서 버려야 한대요.
엄마께서 아무리 알려주셔도 아빠께서는 음료수를 마시고 매번 그냥 버리셔요.
엄마 말씀이 우이독경이 되지 않도록 아빠, 잘 좀 하세요.

牛
소 우

활용어휘

- 투우 : 소와 소를 싸움 붙이는 경기. 또는 그 소.
- 우마차 : 우차와 마차를 통틀어 이르는 말.

經
글 경
지날 경

활용어휘

- 경위 : 사건의 전말. 일의 내력.
- 경영 : 기업이나 사업 따위를 관리하고 운영함. 기초를 닦고 계획을 세워 어떤 일을 해나감.

누워서 침 뱉기

: 누워서 침을 뱉으면 그 침이 내 얼굴에 떨어짐.

남을 해치려고 하다가 도리어 자기가 해를 입게 된다는 것을 비유적으로 이르는 말.

비슷한 표현	내 얼굴에 침 뱉기. 하늘에 돌 던지는 격.

6月

26日

오늘의 사자성어

감탄고토

: 달면 삼키고 쓰면 뱉는다는 뜻으로, 자신의 비위에 따라서 사리의 옳고 그름을 판단함을 이르는 말.

甘	呑	苦	吐
달 감	삼킬 탄	쓸 고	토할 토

제가 맛있는 간식을 사준다고 할 때는 살갑게 굴더니,
제 용돈이 다 떨어지자 언제 친했냐는 듯 다른 아이와 노는 친구.
감탄고토하는 이 친구와는 거리를 좀 둬야겠어요.
사람이 의리가 있어야지 말이야, 에헴!

甘
달 감

활용어휘

- 감수하다 : 책망이나 괴로움 따위를 달갑게 받아들이다.
- 감미롭다 : 정서적으로 달콤한 느낌이 있다. 감칠맛이 있게 달다.

苦
쓸 고

활용어휘

- 고난 : 괴로움과 어려움을 아울러 이르는 말.
- 노고 : 힘들여 수고하고 애씀.

7月

오늘의 사자성어

6日

자문자답

: 스스로 묻고 스스로 대답함.

自	問	自	答
스스로 자	물을 문	스스로 자	대답 답

친구가 갑자기 자기 필통을 못 봤냐고 묻길래 대답하려는데
"아, 내가 영어 교실에 두고 왔구나" 하며 자문자답하네요.
질문과 대답을 모두 듣고만 있던 저는
친구의 모습에 순간 멍해져 피식 웃고 말았답니다.

自
스스로 자

활용어휘

- 자조하다 : 자기를 비웃다.
- 자의식 : 자기 자신이 처한 위치나 자신의 행동, 성격 따위에 대하여 깨닫는 일.

答
대답 답

활용어휘

- 답사 : 회답을 함. 또는 그런 말. 식장에서 환영사나 환송사 따위에 답하는 말.
- 답변 : 물음에 대하여 밝혀 대답함. 또는 그런 대답.

6月

27日

오늘의 사자성어

백척간두

: 백 자나 되는 높은 장대 위에 올라섰다는 뜻으로,
몹시 어렵고 위태로운 지경을 이르는 말.

百	尺	竿	頭
일백 백	자 척	장대 간	머리 두

백척간두는 백 자나 되는 높은 장대 위에 있다는 말이지만,
'백척간두진일보(百尺竿頭進一步)'라는 말을 소개하고 싶어요.
어려운 상황에 놓여 있지만, 그것을 이겨내고 한 걸음 더 나아간다는 말이지요.
어려운 일을 극복하고 더 성장하는 우리가 되었으면 해요.

尺
자 척

활용어휘

- 축척 : 지도에서의 거리와 지표에서의 실제 거리와의 비율. 몇천분의 일, 몇만 분의 일 따위로 표시한다.
- 척도 : 자로 재는 길이의 표준. 평가하거나 측정할 때 의거할 기준.

頭
머리 두

활용어휘

- 몰두하다 : 어떤 일에 온 정신을 다 기울여 열중하다.
- 두각 : 짐승의 머리에 있는 뿔. 뛰어난 학식이나 재능을 비유적으로 이르는 말.

7月

오늘의 사자성어

5日

학수고대

: 학의 목처럼 목을 길게 빼고 간절히 기다림.

鶴	首	苦	待
학 학	머리 수	쓸 고	기다릴 대

평소에 좋아하던 친구를 다음 달 제 생일에 초대했어요.
어서 제 생일이 빨리 왔으면 좋겠어요.
매년 제 생일을 기다리기는 했지만 올해처럼
이렇게까지 학수고대하기는 처음인 것 같아요.

首
머리 수

활용어휘

- 수긍 : 옳다고 인정함.
- 수석 : 등급이나 직위 따위에서 맨 윗자리.

待
기다릴 대

활용어휘

- 고대하다 : 몹시 기다리다.
- 홀대 : 소홀히 대접함.

6月

28日

오늘의 사자성어

난공불락

: 공격하기가 어려워 쉽사리 함락되지 아니함.

難	攻	不	落
어려울 난	칠 공 공격할 공	아닐 불(부)	떨어질 락(낙)

친구 집에서 놀다가 하룻밤 자고 오고 싶은데 엄마께서는 안 된다고 하셔요. 친구와 싸우지 않고 사이좋게 잘 놀고, 밤늦게까지 놀지도 않고, 친구 부모님 말씀도 잘 듣겠다고 하는데도 허락을 안 해주시네요. 우리 엄마께서는 정말 제게 난공불락이세요.

攻 칠 공 / 공격할 공

활용어휘

- 전공하다 : 어느 한 분야를 전문적으로 연구하다.
- 침공 : 다른 나라를 침범하여 공격함.

落 떨어질 락(낙)

활용어휘

- 낙엽 : 나뭇잎이 떨어짐. 대개 고등 식물의 잎이 말라서 떨어지는 현상인데 한기나 건조기 등의 환경에 대한 적응으로 일어난다.
- 추락 : 높은 곳에서 떨어짐.

7月

오늘의 사자성어

4日

유유상종

: 같은 무리끼리 서로 사귐.

類	類	相	從
무리 유(류)	무리 유(류)	서로 상	좇을 종

누나 친구들이 집에 놀러 왔어요. 그런데 너무 시끄러워요.
1분도 쉴 틈 없이 계속 재잘재잘, 깔깔깔깔.
유유상종이라더니, 어쩜 저렇게 친구들끼리 똑같을까요?
그렇다면 제 친구들과 저도 저렇게 비슷해 보이겠군요.

類
무리 유(류)

활용어휘

- 유추 : 같은 종류의 것 또는 비슷한 것에 기초하여 다른 사물을 미루어 추측하는 일.
- 종류 : 사물의 부문을 나누는 갈래.

從
좇을 종

활용어휘

- 복종 : 남의 명령이나 의사를 그대로 따라서 좇음.
- 추종 : 남의 뒤를 따라서 좇음. 권력이나 권세를 가진 사람이나 자신이 동의하는 학설 따위를 별 판단 없이 믿고 따름.

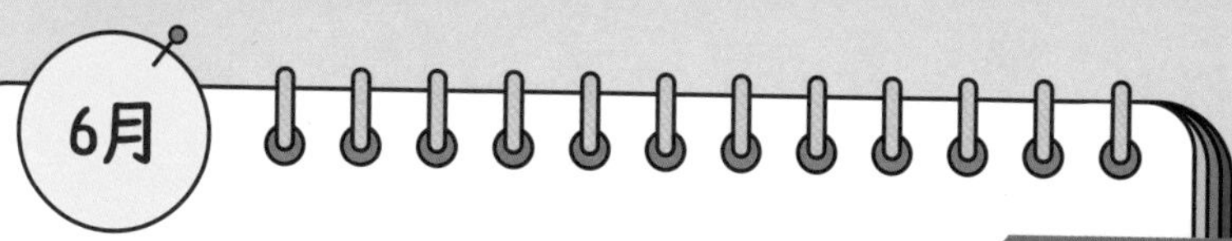

29日

오늘의 사자성어

사상누각

: 모래 위에 세운 누각이라는 뜻으로, 기초가 튼튼하지 못하여 오래 견디지 못할 일이나 물건을 이르는 말.

沙	上	樓	閣
모래 사	윗 상	다락 누(루)	집 각

시험에 나온다는 문제를 달달 외우면 시험을 잘 볼 수도 있어요.
하지만 원리를 이해하지 않고 답만 외운다면
다음 시험도, 또 다음 시험도 잘 보기는 어렵겠죠?
사상누각이 되지 않으려면 기초부터 차근차근 공부하는 자세가 필요해요.

沙
모래 사

활용어휘

- 사태 : 산비탈이나 언덕 또는 쌓인 눈 따위가 비바람이나 충격 따위로 무너져 내려앉는 일.
- 황사 : 노란 빛깔의 모래. 중국 북부에서 황토가 바람에 날려와 하늘에 누렇게 끼는 현상.

閣
집 각

활용어휘

- 누각 : 사방을 바라볼 수 있도록 문과 벽이 없이 다락처럼 높이 지은 집.
- 보신각 : 서울 종로에 있는 종각.

7月

오늘의 사자성어

3日

사필귀정

: 모든 일은 반드시 바른길로 돌아감.

事	必	歸	正
일 사	반드시 필	돌아갈 귀	바를 정

친구가 찾아와서 화를 냈어요. 제가 자기 험담을 하고 다녔대요.
전 정말 그런 적이 없는데 말이죠.
사필귀정의 마음으로 친구의 오해가 풀리기를 기다렸어요.
다행히 곧 사실이 밝혀졌고, 우리는 더 친한 친구가 되었답니다.

事
일 사

활용어휘

- 사실 : 실제로 있었던 일이나 현재에 있는 일.
- 참사 : 비참한 일. 참혹한 사건.

必
반드시 필

활용어휘

- 필수 : 꼭 있어야 하거나 하여야 함.
- 필요하다 : 반드시 요구되는 바가 있다.

6月

30日

오늘의 속담

고생 끝에 낙이 온다

: 고생스러운 일 뒤에는 즐거운 일이 생김.

어려운 일이나 고된 일을 겪은 뒤에는 반드시 즐겁고 좋은 일이 생긴다는 말.

비슷한 표현	고진감래(苦盡甘來) : 고생 끝에 즐거움이 온다. 태산을 넘으면 평지를 본다.

7月

2日

오늘의 사자성어

능소능대

: 모든 일에 두루 능함.

能	小	能	大
능할 능	작을 소	능할 능	클 대

우리 엄마께서는 요리도 잘하시고 청소도 무척 깔끔하게 하셔요.
집 형광등도 잘 가시고, 고장 난 식탁 의자도 뚝딱뚝딱 고치셔요.
능소능대하신 우리 엄마가 무척 자랑스러워요.
저도 엄마처럼 능소능대한 사람이 되고 싶어요.

能
능할 능

활용어휘

- 능력 : 일을 감당해 낼 수 있는 힘.
- 지능 : 계산이나 문장 작성 따위의 지적 작업에서, 성취 정도에 따라 정하여지는 적응 능력. 지능 지수 따위로 수치화할 수 있다.

小
작을 소

활용어휘

- 소심하다 : 대담하지 못하고 조심성이 지나치게 많다.
- 소규모 : 범위나 크기가 작음.

7月

月	火	水	木	金	土	日

7月 1日

오늘의 속담

약방에 감초

: 감초는 단맛이 나기 때문에 한약의 쓴맛을 없애기 위해 대부분의 한약에 넣어 달임.

콩과의 여러해살이풀 감초는 한약방에서 늘 갖추고 있는 약재라는 데서, 어떤 일에나 빠짐없이 끼어드는 사람 또는 꼭 있어야 할 물건을 비유적으로 이르는 말.

비슷한 표현

건재 약국* 의 백복령.*
약방감초(藥房甘草) : 한약방의 감초.

---

* 건재 약국 : 주로 조제하지 않은 원료 그대로의 약재를 파는 곳.
* 백복령 : 구멍장이버섯과에 속하는 하얀 버섯을 말린 것.